新能源前沿丛书之十

邱国玉 主编

绿色照明技术导论

Introduction to Green Lighting Technologies

金 鹏 著

科学出版社
北 京

内 容 简 介

在LED固态照明和现代电子技术的推动下，照明技术得到了迅猛的发展。本书从节能、环保、智能和人性化等方面全面地阐述了照明技术的前沿领域和发展趋势。书中的章节涉及照明灯具基础知识、能效标准、色度学、LED固态照明、智能照明技术和照明产品的生命周期分析。本书注重理论和应用相结合，部分章节有较强的理论性，但也包含了大量新技术简介和低碳照明的工程案例。

本书可以作为大学高年级学生、研究生的辅助教材，也能对能效工程和照明领域的从业人员提供有益的指导。

图书在版编目(CIP)数据

绿色照明技术导论／金鹏著.—北京：科学出版社，2017.3

(新能源前沿丛书/邱国玉主编)

ISBN 978-7-03-051804-0

Ⅰ.绿… Ⅱ.①金… Ⅲ.①照明技术-无污染技术-教材 Ⅳ.TU113.6

中国版本图书馆CIP数据核字（2017）第030532号

责任编辑：刘 超 李 敏／责任校对：邹慧卿

责任印制：张 伟／封面设计：无极书装

科学出版社出版

北京东黄城根北街16号

邮政编码：100717

http://www.sciencep.com

北京东华虎彩印刷有限公司 印刷

科学出版社发行 各地新华书店经销

*

2017年3月第 一 版 开本：720×1000 1/16

2018年1月第三次印刷 印张：10 1/4

字数：200 000

定价：68.00元

（如有印装质量问题，我社负责调换）

致　谢

本书在实验、资料收集、数据解析、案例研究和出版等方面得到深圳市发展和改革委员会新能源学科建设扶持计划“能源高效利用与清洁能源工程”项目的资助，深表谢意。

作 者 简 介

金鹏　北京大学绿色照明系统实验室主任、副教授

1992年获南开大学现代光学研究所物理学学士，师从吴仲康教授；2000年获美国休斯敦大学德州超导中心物理学博士学位，师从朱经武教授。2001~2006年先后在美国康宁公司、赛强半导体公司和CML创新科技公司任高级工程师、技术总监等职位，科研和管理经历全面。

2006年归国，任职于北京大学深圳研究生院，开设"化合物半导体器件"和"微系统封装"等研究生课程，2010年参与组建"北京大学-加利福尼亚州大学绿色照明系统实验室"，主讲"节能技术与可持续设计"和"低碳科技"。曾任深圳市半导体行业协会秘书长，深圳新能源汽车促进会理事。现兼任《现代显示》编委，深圳节能专家联合会专家、国家标准化管理委员会半导体照明设备和材料标准工作组和国际半导体照明联盟（ISA）技术委员会成员。参与撰写了多个深圳市LED和半导体产业发展规划和LED产品标准，也数次代表中国参与国际LED及半导体行业标准制定和多边谈判。作为课题负责人承担了国家02科技重大专项、深圳市杰出青年计划等科研项目。近年发表学术论文20余篇，中国发明专利10余项，国际专利2项，专著1本。

总　　序

至今，世界上出现了三次大的技术革命浪潮（图 1）。第一次浪潮是 IT 革命，从 20 世纪 50 年代开始，最初源于国防工业，后来经历了“集成电路—个人电脑—因特网—互联网”阶段，至今方兴未艾。第二次浪潮是生物技术革命，源于 70 年代的 DNA 的发现，后来推动了遗传学的巨大发展，目前，以此为基础上的“个人医药（Personalized medicine）领域蒸蒸日上。第三次浪潮是能源革命，源于 80 年代的能源有效利用，现在已经进入“能源效率和清洁能源”阶段，是未来发展潜力极其巨大的领域。

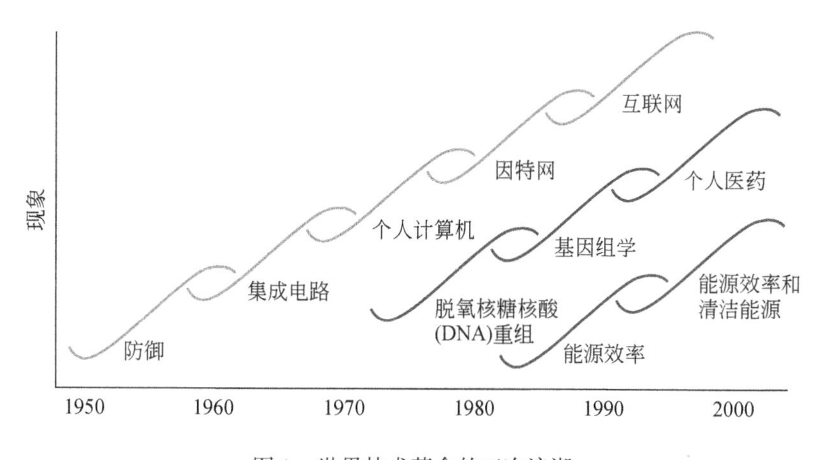

图 1　世界技术革命的三次浪潮

资料来源：http：//tipstrategies. com/bolg/trends/innovation/

在能源革命的大背景下，北京大学于 2009 年建立了全国第一个“环境与能源学院（School of Environment and Energy）”，以培养高素质应用型专业技术人才为办学目标，围绕环境保护、能源开发利用、城市建设与社会经济发展中的热点问题，培养环境与能源学科领域具有明显竞争优势的领导人才。“能源高效利用与清洁能源工程”学科是北大环境与能源学院的重要学科建设内容，也是国家未来发展的重要支撑学科。“能源高效利用与清洁能源工程”包括新能源工程、节能工程、能效政策和能源信息工程 4 个研究方向。教材建设是学科建设的基础，为此，我们组织了国内外专家和学者，编写了这套新能源前沿丛书。该丛书包括

13 本专著，涵盖了新能源政策、法律、技术等领域，具体名录如下：

基础类丛书

《水与能：蒸散发、热环境与能量收支》

《水环境污染和能源利用化学》

《城市水资源环境与碳排放》

《环境与能源微生物学》

《Environmental Research Methodology and Modeling》

技术类丛书

《Biomass Energy Conversion Technology》

《Green and Energy Conservation Buildings》

《城市生活垃圾管理与资源化技术》

《能源技术开发环境影响及其评价》

《绿色照明技术导论》

政策管理类丛书

《环境与能源法学》

《碳排放与碳金融》

《能源审计与能效政策》

众所周知，新学科建设不是一蹴而就的短期行为，需要长期不谢的努力。优秀的专业书籍是新学科建设必不可少的基础。希望这套新能源前沿丛书的出版，能推动我国在“新能源与能源效率”等学科的学科基础建设和专业人才培养，为人类绿色和可持续发展社会的建设贡献力量。

北京大学教授　邱国玉

2013 年 10 月

前言

本书是新能源学科前沿丛书中的一部。新能源领域的范畴很广，涉及可再生能源，如太阳能，风能和潮汐能等。节能和能效也是新能源学科的重要组成部分。书中的内容部分取材于北京大学深圳研究生院开设的“节能技术与可持续设计”和“低碳科技”这两门研究生课程。本书围绕着绿色照明的 4 个主旋律：节能照明（energy efficient lighting）、智能照明（smart lighting）、生态照明（eco lighting）和人性化照明（ergo lighting）展开章节。其中第 1 章简述了照明技术发展史；第 2 章介绍了照明与能效和能效标准；第 3 章深入地讲述了光源评价体系和人性化照明；第 4 章简述了高速发展的固态照明技术的应用；第 5 章以案例分析了太阳能结合 LED 照明、智能照明和日光采集技术；第 6 章以全生命周期的视角分析了照明技术对环境的影响，全生命周期分析是生态照明的核心评价标准。

本书涉及光电子技术、色度学、生命周期分析和标准等多个学科，可以作为大学高年级学生、研究生的辅助教材，也能对能效工程和照明领域的从业人员提供有益的指导。

书稿的编辑得到了北京大学魏烨艳和张军斌的大力支持。书稿的写作也得到了其他人员的帮助，其中周奇峰参与了第 1 章和第 2 章的撰写。蒋丽婷执笔了第 3 章的部分内容。王绍芳提供了第 4 章的部分图表和文字。张军斌、陈彪、雷鹏和赖君渊参与了第 5 章和第 6 章的撰写。另外参加本书资料收集和整理的还有陈炜霞、曹润泽、邹北冰等同学，封面的精美照片由袁朗提供，作者在此向他们表示由衷的感谢。作者要特别感谢耿旭教授和 Michael Siminovitch 教授在本书写作过程中的鼓励和支持。由于作者水平有限，加上成稿仓促，疏漏和不当之处，恳请读者批评指正。

金　鹏

2016 年 8 月

于北京大学南国燕园

目　录

第1章　照明基础

1.1 引　言

亲爱的读者，在您即将阅读本书的章节内容之际，笔者期望您能短暂闭上眼睛，感受并思索呈现在您眼前的黑暗以及所获得的光明与色彩。我们感知到了光的存在，诸如自然界中的太阳光、星光、绚丽的北极光，黑夜中流光溢彩的街灯、车水马龙的车灯、霓虹闪烁的巨幅广告牌及温馨而浪漫的万家灯火等。光无处不在，它是我们生活中不可或缺的资源，更标志着人类的文明进度。

人们对于光的本质的探寻由来已久，早在公元前6世纪～公元前5世纪的古印度，对光的理论研究就在数论派与胜论派的学者中形成雏形；同时期的古希腊理论同样开始兴起与繁荣，公元前5世纪，光的原子论假设被提出；公元前300年左右，欧几里得开始提出了几何光学理论。直至近代，人们开始真正从物理学的角度来探究光的本质。1637年，笛卡尔发表了有关“光的折射理论”的文章，将光类比为声波，不同于当时“光的形态说”理论或“光的种说”理论，而是揭示了光的波动机械属性，这被视为是现代物理光学的起点。

光的微粒说与光的波动说理论开始被越来越多的科学家研究，并提出质疑。在前人的研究基础上，牛顿的《光学》著作以及其本人的权威使得“光的微粒说”理论在18世纪甚嚣尘上；同一时期，光的波动理论发展也同样飞速，一大批科学家如胡克、克里斯蒂安·惠更斯、欧拉等提出或支持了光的波动理论。1800年，托马斯·杨用实验的方法展示了光的波动特征之干涉现象以及光的偏振性；奥古斯丁·菲涅尔用数学方法证明了光的偏振性，1850年莱昂·傅科的实验同样证实了光的波动理论。法拉第、麦克斯韦、赫兹等科学家提出理论并用实验的方式证实了光是一种电磁波。直至1905年，科学家爱因斯坦通过对光电效应的理论解释，最终揭示了光具有波粒二象性这种本质特征（Born and Wolf，1999）。

光是一种电磁辐射波，可以理解为是一种能量的传播形式，并有别于声波、水波这样的机械波，它是以光子为载体，由大量光子（光量子）的统计行为所体现出的波动性。光与无线电波等并无本质的不同，区别仅在于波长（或频率）

的不同。由量子电动力学的理论可知，光量子携带的能量为 $h\nu$，h 为普朗克常量（$h=6.626\times10^{-34}\text{J}\cdot\text{s}$），$\nu$ 为光的频率（$\nu=c/\lambda$，c 为真空中光的传播速度）（赵凯华和钟锡华，1982）。这也很好地解释了光的波粒二象性。

光的电磁波谱范围涵盖了从红外至紫外（约 1mm～10nm）一个相当宽的波长区间，而能被人类所感知的波谱范围仅为 380～780nm 的一个较窄的波长区间，这一部分能被人眼感知形成视觉效应的光谱区间被称为可见光。

在电磁辐射波谱图中，通过用波长（或频率）的特性将光从中分离出来，能较好地诠释光的特性。图 1-1 揭示了常见类型的电磁辐射波与其波长所覆盖的大致范围，以及可见光在整个电磁辐射波谱中随波长的位置分布示意图。

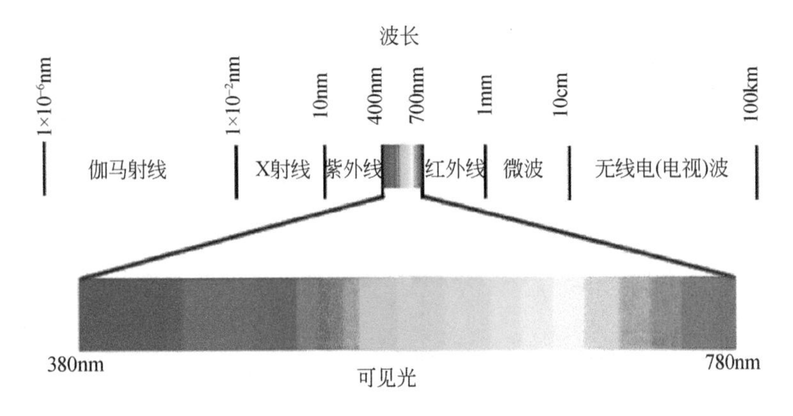

图 1-1　可见光在电磁波谱图中的位置示意图

人眼受不同波长的单色可见光刺激，形成不同的视觉颜色，单色可见光刺激人眼依次形成紫、蓝、青、绿、黄、橙、红不同的颜色。紫外光与红外光，不能被人眼所感知（人眼看不见），我们将其称为不可见光。紫外光，是指涵盖波长范围为 10～400nm 的电磁辐射，在自然界中主要来源于太阳光辐射。

1801 年，德国物理学家里特通过棱镜分离日光，在紫外端使溴化银底片感光变黑的实验，发现并证实了紫外光的存在。根据生物效应不同，紫外线可以按照波长细分为四种波段：UV-A（320～400 nm）、UV-B（280～320 nm）、UV-C（100～280 nm）、UV-D（<100 nm）。UV-A（长波黑斑效应紫外线），具备较强的穿透力，而且一年四季、无论阴晴都存在，绝大部分可以到达地球表面，穿透人体皮肤表层，抵达人体皮肤真皮深层，使我们晒黑。360 nm 波长的 UV-A 紫外线符合昆虫类的趋光性反应曲线，可制作诱虫灯；365 nm 的近紫外光可用于矿石鉴定、验钞等领域。UV-B（中波红斑效应紫外线），具备中等穿透能力，大部分被大气层中的臭氧层和云层所吸收，被人体表层皮肤吸收，适量辐射能促进体内矿物质代谢和维生素 D 的合成，过量辐射会使得皮肤肿胀、脱皮，使得皮肤被

晒红。紫外保健灯、植物生长灯发出的 UV-B 就是使用峰值在 300 nm 附近的荧光粉制成。UV-C（短波灭菌紫外线），只有很弱的穿透能力，可完全被大气层中的臭氧层所吸收。紫外线杀菌灯发出的就是该短波紫外线。

红外光，是指涵盖波长范围为 780 nm ~ 1 mm 的电磁辐射，介于可见光与微波之间。1800 年由德国科学家霍胥尔通过三棱镜分解日光，在红光外端的温度实验发现其存在。表 1-1 揭示了不同类型的光所对应的波长范围值。

表 1-1　不同类型的光所应对波长的范围区间

<table>
<tr><th colspan="2">不同类型光的名称</th><th>波长范围</th></tr>
<tr><td rowspan="4">紫外光</td><td>UV-D</td><td>10 ~ 100nm</td></tr>
<tr><td>UV-C</td><td>200 ~ 280nm</td></tr>
<tr><td>UV-B</td><td>280 ~ 320nm</td></tr>
<tr><td>UV-A</td><td>320 ~ 380nm</td></tr>
<tr><td rowspan="7">可见光</td><td>紫 violet</td><td>380 ~ 455nm</td></tr>
<tr><td>蓝 blue</td><td>455 ~ 490nm</td></tr>
<tr><td>青 cyan</td><td>490 ~ 515nm</td></tr>
<tr><td>绿 green</td><td>515 ~ 570nm</td></tr>
<tr><td>黄 yellow</td><td>570 ~ 600nm</td></tr>
<tr><td>橙 orange</td><td>600 ~ 625nm</td></tr>
<tr><td>红 red</td><td>625 ~ 780nm</td></tr>
<tr><td rowspan="3">红外光</td><td>近红外 NIR</td><td>780 ~ 2.5μm</td></tr>
<tr><td>中红外 MIR</td><td>2.5 ~ 25μm</td></tr>
<tr><td>远红外 FIR</td><td>25 ~ 1.0mm</td></tr>
</table>

照明，就其过程而言，是可见光刺激人眼获得视觉的过程。进入人眼的光，可能是光源直射的光，或者是光源照射物体反射的光，进入并辐射刺激人眼，在大脑中被感知形成对光或者被照射物体的视觉过程，它包括人脑将进入眼睛的光刺激转化为整体经验的过程，如觉察某些物体的存在，鉴别、确定其在空间中的位置，阐明它与其他事物的关系，辨认它的运动、颜色、明亮程度或形状等。在形成照明获得视觉的过程中，对光源的认识与应用、对光的主动应用技术、人眼对可见光辐射刺激所对应的视觉响应，是研究照明的关键性因素。

发光的物体都可以称为光源，太阳是最为重要的自然光源。千百万年以来，为了适应太阳光，人眼进化成能够感知和利用太阳光发射频谱中一部分特殊的辐射能，该部分辐射能在水中的透过率最高，形成视觉以获知出现在眼中的物体的颜色、形状、明暗等最为本真的基本属性。

在人造光源发现以前，史前人类的活动行为基本上是日出而作，日落而息。然而人类的趋光本能，以及对于黑暗的恐惧与光明的渴望，促使人类不断地尝试与创新。火的熟练运用以及各型人造光源的出现，让人类突破了黑夜的束缚，赢得更多的时间与自由。人类对于光源的追求与发展，可以看成是一部人类文明的进步史，人工照明的发展状态，也折射出人类文明的发展程度，当人类从宇宙中观察地球在黑夜中的状态，会发现类似如繁星点点、璀璨夺目的一片片区域，正是人工照明塑造了地球在宇宙中的奇迹；明与暗，同时也折射出文明与落后、贫穷与富足。

灯具，为光源提供机械支撑和外形，满足光源散热，提供电连接，通过透镜和反射机构等结构改变出光方式或分布，以实现众多的照明功能。广义的灯具包括光源的全部照明器具。

人类对电光源的发明与利用，灯具的发展，系统性与功能性的照明设计理念，其终极目标乃是要符合人类在形成视觉获得照明这一过程中，同时获得最佳的照明视觉效果（如当基本功能性照明需求被满足的前提条件下，需同时兼顾合适的亮度、色温、光照显色性、眩光等级控制、均匀度依据辐射与光生物安全等相关要求）。尽量减少对于能源的损耗，最大限度地避免对于环境、生物与人的影响，充分兼容人类在迈向智能化时代对于智能控制以及功能性模块的消费需求，同时考虑产品在量产化消费时代的经济成本与产品生命周期的竞争优势。在这一过程中，进入人眼的光（物理层面）与人眼对于光的特征响应（生物层面）的综合作用，影响决定这些目标是否能得以实现。

人眼对于光的特征响应，呈现出以下特点：对于不同波段的可见光谱响应程度不同；在不同照明环境条件下对光的响应曲线也不相同（将在第 2 章相关内容中详细介绍）。

在照明形成的过程中，追溯进入人眼的光，是由光源、灯具到照明应用系统三个层面所决定的。

1）光源（如电光源），其各自发光原理不同，这意味着能耗效率存在差异；不同光源有着独有的特征光谱（光谱功率分布），这决定着人眼所获得的视觉效果（如色温、显色指数）以及灯具获得的初始光通量。

2）灯具，利用独特的导光结构将光源发出的光导出并改善出光方式与分布，这影响着光的利用效率、能源消耗，以及人眼在特定区域所获得的照明视觉效果。

3）照明应用系统，结合特定的照明场所，从照明应用的层面来合理选择光源与灯具、优化布局、设计控制、兼容模块，实现功能性照明需求，这决定着最终的照明视觉效果，以及能源消耗水平等。

1.2 电光源与灯具

光源在人类历史上的发展历程，最早是从史前人类对于火的控制与运用开始，篝火、油灯、蜡烛、煤油灯、燃气灯等通过燃烧来进行照明的光源相继出现（Bowers，1998），历经了最早时代直到工业革命并且延续到今天，这种照明技术的进展缓慢而曲折，从巴比伦时代直到18世纪晚期的煤气发展，这段时期几乎没有新的设备和改进（图1-2，在今天繁华时尚的大都市香港，仍能够看到20世纪曾经被广泛应用的燃气灯的身影）。

图1-2　燃气灯街景照片

注：拍摄于香港 都爹利街

进入19世纪，白炽灯、气体放电灯相继问世，照明技术进入了一个跨越式的发展黄金时代；到现在，电器照明已经发展到了以LED（light emitting diode，发光二极管）等半导体固态照明为代表的第四代绿色照明光源与灯具应用时代，形式各异的照明光源以及千差万别的照明技术应用，已经被渗透到人类的任何活动领域。图1-3为照明光源的发展历史。

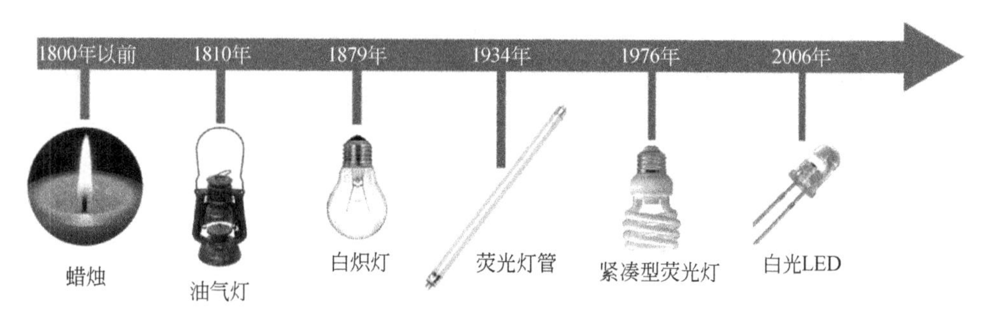

图1-3　照明光源的发展历史

通过研究电光源的主要发光原理与特点、特征谱线，以及使用条件与适用范围，我们将简明介绍几种常见的典型发光光源与灯具。

依据发光原理，我们将电光源简单地分为三大类：①热辐射发光光源与灯具，如白炽灯；②气体放电发光光源与灯具，如 HID（high intensity dischange，高压气体放电灯）灯具；③场效应电致发光光源与灯具，如 LED 灯具。

1.2.1 热辐射发光光源与灯具

发光原理：根据热辐射原理制成，靠电能将物体（阴极）加热至白炽状态而发光。

典型光源与灯具介绍：白炽灯、卤钨灯（图 1-4）。

(a)白炽灯　　(b)卤钨灯

图 1-4　常见白炽灯和卤钨灯外形

普通白炽灯灯泡内部一般被抽成真空或充入少量惰性气体，灯丝采用金属钨丝制成，通电后，钨丝呈现纯电阻性，将电能完全转化为热能，当被加热至白炽状态后，通过热辐射而发光。白炽灯的光谱为连续光谱（图 1-5 为几种常见白炽灯光源的相对光谱功率分布示意图），在众多照明光源中，其光谱最为接近太阳光谱，但各种色光的成分比例是由发光物质及温度决定的。比例不平衡将导致光的颜色偏色，所以在白炽灯下物体的颜色不够真实。除了产生可见光外，白炽灯还产生了大量的红外辐射与少量的紫外辐射，由于可见光占比成分较低，所以发光效率较低，只有约 10 lm/W。同时因为受限于灯丝的热损失与气化速率，白炽灯的寿命较低，只有约 1000h。

卤钨灯，是在普通白炽灯的基础上改进而成的，在灯泡中注入一定比例的卤化物，利用卤钨循环的特性，降低了灯丝的老化速率，提高了整灯光效。简单解释下卤钨循环效应为：当灯丝发热时，其蒸发出来的钨在温度较低的灯管内壁与

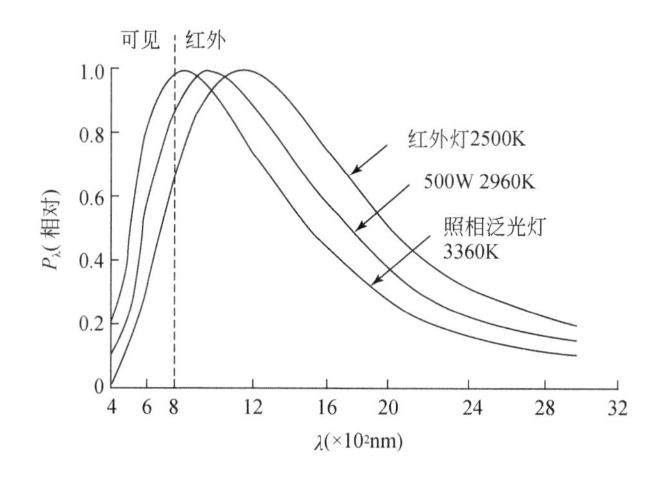

图 1-5　几种常见白炽灯光源的相对光谱功率分布示意图

卤素物质反应形成挥发性的卤钨化合物。卤钨化合物有向高温迁移的倾向，其扩散至灯丝附近时，又被分解为卤素与钨，释放的钨一部分又回到灯丝上，在一定温度下达到平衡状态。卤钨灯的灯丝温度可达 3200K，其需要耐受比白炽灯更高的温度与压力，必须使用耐高温的石英玻璃或硬玻璃。与传统白炽灯相比，卤钨灯的光效得到了大幅度的提高，约为 15 ~ 35 lm/W；卤钨循环能有效地防止灯泡发黑，在寿命期内光的维持率几乎能到 100%，通常能被用来制作标准光源，光源小而结实，这使得灯具设计与光源系统可尽量的小型化，在各个照明领域都能得到广泛的应用。

主要优缺点：全色光、显色性好，纯电阻特性易于做调光控制；功率大、寿命短、发光效率低、发热明显，能效消耗高。

1.2.2　气体放电发光光源与灯具

发光原理：光源内部存在的几种特定气体与金属蒸气的混合物质，在电极电场的激发下，放电并发光。具体发光过程是当放电光源接入电路，外电场激发加速阴极发射的自由电子，快速运动的电子与气体原子发生碰撞，气体原子被激发，自由电子的动能转化为气体原子的内能，受激的气体原子从激发态回到基态，将获得的内能以光辐射的形式释放出来，这一过程被持续，放电灯就能持续发光。由于在启动时阴极需要持续的高压，放电灯不能单独被接入电路中，必须与触发器、镇流器等辅助电器配合使用。

典型灯具简单分类及介绍：气体放电灯具类型较多，如节能灯、荧光管、钠灯、汞灯、金属卤化物灯等。主要可分为高压与低压两大类。图 1-6 为气体放电灯灯具主要分类简单示意图。

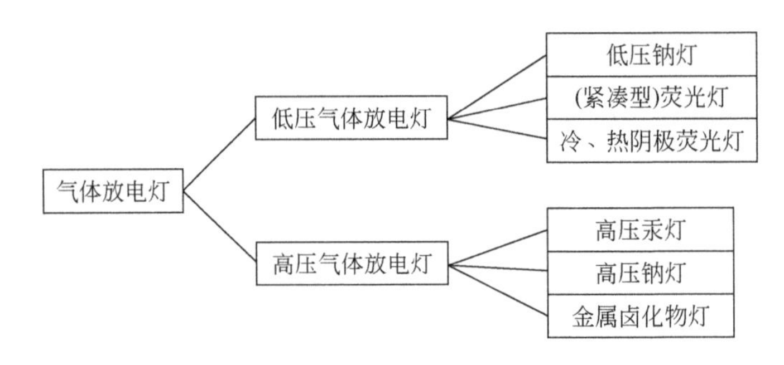

图 1-6　气体放电灯灯具主要分类简单示意图

(1) 荧光灯

发光原理是由低压汞蒸气放电所产生的紫外光线激发管壁上的荧光粉而发出可见光。灯管内壁上涂覆荧光粉，内部充入低压汞蒸气与少量的惰性气体，低压汞蒸气被阴极高压放电发出的特征紫外辐射光谱的光线激发荧光粉发光，形成可见光源。[补充：荧光粉对荧光灯发光起关键作用，20 世纪中后期采用卤粉（卤磷酸钙），其具有价格便宜、发光效率低及光通维持率等特点；1974 年，Philips 研制成功由多铝酸镁（发绿光）、荧光粉氧化钇（发红光）和多铝酸镁钡（发蓝光）按比例混合的三基色荧光粉]。

荧光灯在工业、商业以及办公与家居照明中占据着统治地位，在工业化国家的人工照明中占据着主导地位。荧光灯按照形状规格可分为直管型、环型荧光灯、高光通单端荧光灯、紧凑型荧光灯和无极荧光灯。直管型荧光灯管按管径大小分类，常用的规格有 T12、T8、T6 和 T5。规格中“T+数字”表示管径的毫米数值（T=1/8in（英寸），1in=25.4 mm；数字代表 T 的个数）。例如，T12=25.4 mm×(1/8)×12=38 mm。荧光灯管管径与其电参数关系紧密：荧光灯管径越细，光效越高，启辉点燃电压越高，对镇流器技术性能要求也越高。具体来说，管径大于 T8 的荧光灯管，启辉点燃电压较低。管径小于 T8 的荧光灯管，启辉点燃电压较高，其必须匹配电子式镇流器产生启辉高压，将灯管击穿点燃，之后由电子式镇流器驱动荧光灯管运行。

荧光灯按光色可分为三基色荧光灯管、冷白与暖白荧光灯管。荧光灯管的光色主要由所涂荧光粉和所填充气体种类决定。采用的材料不同，其技术品质也有很大差别。采用卤素荧光粉，填充氩气、氪氩混合气体时，荧光灯管光色为冷白和暖白，这两种光色荧光灯管显色性能较低，发光效率也比较低，荧光灯管启辉点燃寿命也比较短，这两种光色荧光灯管也不符合绿色照明技术要求。效果较好的是三基色荧光粉型荧光灯，即由多铝酸镁（发绿光）、荧光粉氧化钇（发红光）和多铝酸镁钡（发蓝光）按比例混合的三基色荧光粉，灯管内部填充高效的惰性气体，受激辐射所产生的光混合三色荧光粉发出的光，形成了高质量显色指数（Ra，一般 Ra>80）的发光光源，属于三基色合成的高显色性太阳光色。荧光灯与所有的放电灯一样含有汞，欧洲一些国家已经对每只荧光灯管中所含的汞量进行限制，政府已经要求生产厂家必须对废弃的荧光灯管进行收集和循环利用。

（2）冷阴极荧光灯

冷阴极荧光灯（cold cathode fluorescent lamp，CCFL）是荧光灯的一种，其发光原理与普通荧光灯一样。CCFL 使用高压电激发水银蒸气产生紫外线，然后紫外线激发管内的荧光涂层发出可见光。热阴极是以加热的形式，使电子由热能转换为动能而向外发射；与此不同的是，冷阴极利用电场作用来控制界面的势能变化，使电子将势能转化为动能而向外发射。两种阴极的区别是，在低电压的情况下，热阴极就可以产生电子发射，而冷阴极往往需要很高的电压。冷阴极管因其结构简单，能被制成非常细的荧光管，这种灯管多用于显示器、照明等领域。CCFL 也是当前 TFT-LCD（液晶屏）理想的光源，被广泛应用于广告灯箱、扫描仪和背光源。由于其寿命长，体积小，功率低等优势而被越来越广泛地被应用于照明的各领域。

（3）低压钠灯

低压钠灯是由低压钠蒸气放电发光的电光源。发光颜色为单色黄光，显色性很差。由于其谱线范围接近视觉响应曲线的峰值范围，因此测试获得的发光效率很高，通常被用于对光色没有要求的场所。其外形如图 1-7 所示。

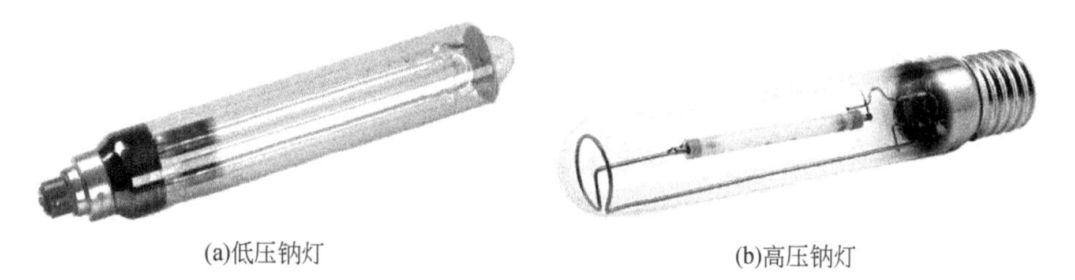

(a)低压钠灯　　(b)高压钠灯

图 1-7　低压钠灯和高压钠灯外形结构

（4）高压汞灯

灯具内部充入高压汞蒸气与少量的氩气，汞蒸气在高气压下受激发放电发光，特征光谱拓展形成连续光谱，但是仍然有一半以上的可见光能量集中在 4 根汞的特征发光谱线附近（404.7 nm，435.8 nm，546.1 nm，578 nm），主要为蓝绿色的光，缺少红色成分，显色指数只有 20 左右；为了改善显色性，提高照明光色效果，通常在高压汞灯外壳内壁上涂覆特殊的荧光粉［钒（磷）酸钇］，受紫外辐射激发峰值为620 nm的红光成分，提升显色指数值至50左右，被称为荧光高压汞灯。高压汞灯以黄光为主，显色性较差，但光效高，在道路、隧道、桥梁、广场等户外照明领域都被广泛应用。

(5) 金属卤化物灯

金属卤化物灯的发光原理是在高压汞灯的基础上，增加特定金属（常见如钠Na、铊Tl、铟In、钪Sc、镝Dy、铯Cs、锂Li）卤化物的混合物，通电后混合辐射而发光。金属卤化物灯利用各种金属的发光特征谱线，填补了汞谱线的空白，增加光谱中的红光成分，改进了发光效率，并且提高了显色性。

(6) 高压钠灯

高压钠灯的发光原理是在一些能抵抗高温钠腐蚀的材料（单晶或多晶氧化铝陶瓷）下，利用高气压钠蒸气受激放电而发光。其外形如图1-7所示。高压钠灯具有诸多优点，如其发光效率高、寿命长、穿透雾的能力强和不诱虫。所以高压钠灯仍被广泛应用于道路照明，车站、广场、公园及植物栽培等各种照明。高显色的高压钠灯主要应用在体育馆、展览厅和百货商店等场所照明。

其发光原理如下：在启动后，电弧管电极之间产生电弧，高温使得钠、汞等形成蒸气，受到阴极所激发出的电子在被加速到达阳极的过程中，钠与汞等蒸气原子被剧烈撞击，获得能量，形成不稳定状态（电离或被激发状态），电子到达阳极，原子从激发状态回到稳定状态，最后多余的能量以光辐射的形式被释放。

高压钠灯的研制成功归功于适合作为高压钠灯电弧管的多晶氧化铝陶瓷材料，该种材料能够承受高温以及钠的侵蚀。高压钠灯显色性要比低压钠灯好，但其发光效率有所下降。提高钠蒸气压，可使显色指数提高，但发光效率随之下降，寿命也会进一步缩短。

1.2.3 场效应电致发光光源与灯具

发光原理：该光源将电能直接转换成光能，通过在正负两个电极中加电压产生电场，固体发光材料在该电场的作用下被相应的电能所激发而发光。

典型灯具简单介绍及分类：许多材料都具有电致发光特性，根据发光材料可以把电致发光分为无机电致发光和有机电致发光。其中，无机电致发光材料又可分为单晶型（light emitting diode，LED，发光二极管）、粉末型（electroluminescent，EL，电致发光）和薄膜型（thin film electroluminescent，TFEL，薄膜电致发光）。从驱动方式上，又可以分为交流（alternating current，AC）型、直流（direct current，DC）型和交直流（alternating current-direct current）型。有机电致发光材料主要是有机发光二极管（organic light-emitting diode，OLED）。

（1）粉末电致发光光源

粉末电致发光光源（powder electroluminescent，PEL）其发光原理与显像管发生的过程类似，即在高场下加速初电子碰撞激发发光中心而发光，这些过程是在复杂的基质晶格微观环境中实现。粉末基质材料大部分采用 ZnS，激活剂为 Cu^{+}。与其他光源相比，粉末电致发光光源有诸多优点，如体积小、可平固化；可制成任意发光形状；开关速度快、功耗低等。但这种光源的发光层对光线会发生散射，对比度较低；而且电极直接接触发光层，导致发光层电流过大，器件易老化、击穿。

（2）薄膜电致发光光源

薄膜电致发光光源（TFEL）主要是利用硫化物作为基质，掺入稀土离子和过渡金属离子，无需任何有机介质。目前大部分采用交流驱动，使薄膜电致发光光源寿命长、效率高。薄膜电致发光原理是靠碰撞激发发光。其发光过程分为三步：①初电子发射，电子通过隧穿从绝缘层和发光层之间的界面注入发光层的导带；②电子通过高场加速成为热电子；③热电子碰撞激发发光中心，将其激发到激发态，电子再从激发态向基态跃迁并产生辐射。

薄膜电致发光光源制成的平板显示器具有主动发光、体积小、视角大、分辨率高、适应温度宽、响应速度快和对比度高等优点。但它也同时存在一些问题，如发光效率低、驱动电压高、无法彩色化等。所以，薄膜电致发光光源一直无法大规模产业化，而且渐渐被有机电致发光（OLED）替代。

（3）发光二极管

发光二极管（LED）为固态冷光源。20 世纪 50 年代，英国科学家发明了第一个 LED，第一个商用 LED 仅能发出不可视的红外光，但迅速应用在感应与光电探测领域。LED 的发光芯片是由元素周期表中的Ⅲ-Ⅳ族化合物半导体制成，这些材料的发光范围由红光到紫外线。表 1-2 说明了 LED 采用的发光材料及其应用领域。

表 1-2　LED 采用的发光材料及其应用领域

<table>
<tr><th colspan="2">分类</th><th>材料</th><th>应用领域</th></tr>
<tr><td rowspan="4">可见光 LED
（450～780nm）</td><td>传统亮度红黄光</td><td>GaP、GaAsP、AlGaAs</td><td>家电、信息产品、通信产品、消费性电子产品</td></tr>
<tr><td rowspan="3">高亮度</td><td>AlGaInP（红、橙、黄光）</td><td rowspan="2">大型广告牌、交通标志、背光源、汽车灯</td></tr>
<tr><td>GaInN（蓝、绿光）</td></tr>
<tr><td>GaInN+荧光粉（白光）</td><td>照明</td></tr>
<tr><td rowspan="2">不可见光 LED</td><td>红外线 LED
（850～950nm）</td><td>GaAs、GaAlAs</td><td>红外无线通信 IrDA 模块、遥控器</td></tr>
<tr><td>光通信 LED/LD
（1300～1550nm）</td><td>GaAlAs</td><td>光通信光源</td></tr>
</table>

LED的发光芯片是整个器件的核心，实质是半导体P-N结。图1-8（a）和图1-8（b）分别是LED的芯片结构和发光原理图。LED最基本的结构包括阴阳电极、P型半导体层、N型半导体层、发光层和衬底（史国光，2007）。P型半导体层会产生一定数量的空穴，而N型半导体层会产生一定数量的自由电子。正常情况下，因为P-N结阻挡层的限制，自由电子和空穴不能发生自然复合。当给P-N结加以正向电压时，P-N结动态平衡被破坏，P区内的空穴注入N区，电子则从N区注入P区，同时将能量以光的形式辐射出去（Schubert，2006）。

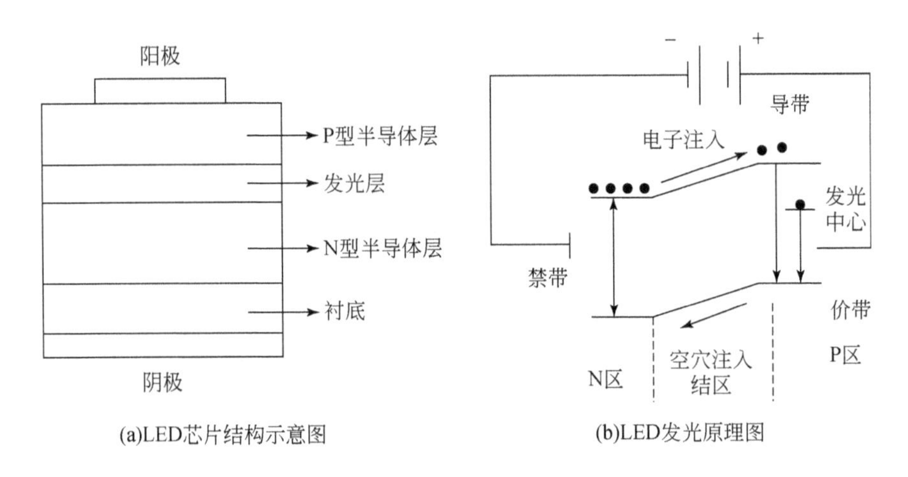

图1-8　LED芯片结构示意图和LED发光原理图

LED具有结构紧凑、高光效、耗能少、响应速度快、使用方便、应用范围广、颜色丰富、寿命长等优点，正被广泛应用于各个照明领域。

1.3　灯具应用技术与照明设计

如今，灯具产品的种类越来越多，其适用范围与应用领域也被拓展得越来越广泛，它与其他行业如建筑、汽车、智能控制、光伏、电子、3C产品等领域联系越来越密切，人们对于照明与照明产品的需求，也不仅仅局限于其照明本身的功能性，产品的发展与照明应用技术也正朝向人类多元化的需求而迅速的发展。

针对照明与灯具产品，我们根据应用场所和需求将其简单分类。例如，广泛应用于道路、广场、家居、商业、酒店等各种场所的照明与灯具产品；或者应用于道路交通、工程作业、体育运动、生活居家、景观美感、气氛氛围、便携式等各种功能性需求的照明。

按照灯具的设计用途可分为一般照明、重点照明和工作照明。三者的主要区别在于灯具形成的光分布不同。工作照明主要是功能性的，也是最需要集中的，如阅读或检测材料时的照明。举个例子，阅读质量较差的印刷品会需要500 lx的照度，而一些精细检查工作乃至外科手术工作场所则需要更高的照度水平；重点照明主要运用在装饰方面，如照亮一些图画、花草、其他室内设计或景观设计的局部等；一般照明（有时指背景光）的功能和美观性在以上两者中间，是用以某区域的全面照明。在室内，一般照明是在桌上或地上的基本灯具，或基本的屋顶灯等。在室外，如停车场的一般照明可能只需要10～20 lx的照度，因为行人和司机已经习惯了黑暗，在这种情况下只需要很小的照度就可以通过该区域。

以照明方式来说，向下照明是采用最为普遍的方式，灯具被放置或嵌入天花板，向下发光。这种方式最为便捷，但容易产生眩光，同时为了形成向下特定的光照方向性，对光源本身的发光角度以及灯具外形的设计要求严苛，为达到功能性目的，会牺牲一定的能源消耗，在光源的选择上，LED光源本身的指向性特征较金属卤化物灯具存在巨大优势，为获得特定方向的照明投射，其能源消耗相对减少80%以上。向上照明一般被应用于需要范围亮度比较平均的一般照明环境中，如机场航站楼、图书馆等场所。向上发光的灯具会通过一个漫反射面将灯光反射下来，这就使整个反射面反射的光均匀分布。这种间接照明的方式受其反射面的反射率影响非常大，被反射面吸收反射了一部分的光，这种间接照明方式较为耗能，一般被应用在对眩光灯具及均匀度要求严苛的环境中；正面照明也比较常用，但这种方式在正面几乎不会产生影子效果，会使被照亮的物体丧失立体感；在侧面照明的方式较少采用，因为会产生眩光；而在背面的逆光照明，基本只用来强调某物，在背后环绕布置照明，或者在光线可以穿过物体时采用。

按照照明与灯具的使用领域，我们将照明主要分为室内照明与室外照明两大类。

（1）室内照明

室内照明主要应用于家居、办公室、商业、楼宇、酒店等场所，其更侧重于人的视觉效果与功能性照明需求，主要包括人对于光源的色温、显色性以及灯具的出光角度、投射方式的感知（章海骢，1999），对于整个照明系统来讲，室内照明主要侧重于人的舒适度，照明形式追求重点照明、一般照明与背景照明协调一致。

例如，常见的壁龛照明，像其他许多向上照明的方式一样，是间接的照明。经常由荧光灯实现，有时也采用霓虹灯。墙底或近墙照明，可以作一般照明使用，也可以当做装饰性墙壁的洗墙照明。这种方式可以突出墙壁的纹理，但也可能会暴露墙壁的瑕疵。照明效果几乎完全受照明灯具的具体形式决定。

嵌顶灯照明非常常用，它通过灯架将灯具固定在天花板上，这样既可以用出光角度小的聚光灯，也可以用大角度的泛光灯，这两种灯都有带反射面的灯具。

这种向下照明的灯具可以采用白炽灯、荧光灯、高压气体放电灯、LED 等。

活动式投射灯照明一度很流行，因为这种方式比嵌顶灯更容易安装，而且装饰性较强。由于其安全性要求，主要在低电压条件下采用，如 MR16 射灯。壁灯安置在墙上，主要是向上照明，少数情况下也会向下照明。

落地灯是为了产生环境照明效果的向上照明的灯具，有时楼梯灯也会像壁灯一样安置在墙上。台灯可能是最常见的灯具，与桌上的其他灯具提供一般照明不同，台灯主要提供工作照明。泛光天花板在 20 世纪六七十年代曾经流行，但在 80 年代没落了。这种方式是在天花板的灯泡下放一块漫射板，类似又悬吊了一块天花板一样，用作一般照明；也有使用霓虹灯的，看上去是种照明方式，但实际上只是个艺术效果。当然在夜店中可能也会将这样的方式用作照明。小夜灯一般安装在墙面上，用做辅助性的照明及装饰之用，这些小灯的瓦数很低，有的带有感应开关功能，新型小夜灯以 LED 为主。

（2）室外照明

路灯用以在夜间照亮道路和人行道。传统的路灯以高压钠灯为主，近年来 LED 路灯发展迅猛，以其节能环保、优异的光学配光和可智能调光等优点，将传统的照明灯具换成更有能效的照明灯具。

泛光灯用以照亮夜间的户外游戏场所或工作地点。泛光灯通常采用金属卤化物灯和高压钠灯。

信号灯设置在路口处以利于引导交通，LED 已经完全代替了传统的光源，被用于 24h 使用的交通信号灯指示，已满足全天候红黄绿的彩色指示要求。

有时在沿路、市郊、住宅或商业建筑背面会设置安全照明。这些灯具非常明亮，用以抑制犯罪。泛光灯可以算作安全照明的一种。户外照明的应用非常广，如体育场馆照明，其对瓦数和显色指数要求较高，目前体育场馆照明以金属卤化物灯具为主；水下重点照明有时会设置在观赏鱼塘、喷泉、游泳场等类似地点，由于防水、彩色和安全等要求，LED 灯具已经成为主流。

思 考 题

1. 人类对光的认识是怎样发生变化的？光的实质是什么？
2. 太阳下我们被晒黑或被晒红，请阐述其发生的机理与区别。
3. 人类的整个照明发展史主要经历了哪些阶段，代表灯具的特点是什么？

参 考 文 献

史国光．2007．半导体发光二极管及固体照明．北京：科学出版社．

章海骢．1999．从照明技术的发展看灯具的变化．照明工程学报，10（1）：26-33.

赵凯华，钟锡华．1982．光学．北京：北京大学出版社．

中华人民共和国住房和城乡建设部. 2013. GB 50033—2013 建筑采光设计标准. 北京: 中国标准出版社.

周太明, 周详, 蔡伟新. 2006. 光源原理与设计（第二版）. 北京: 复旦大学出版社.

Born M, Wolf E. 1999. Principles of Optics (seventh edition). Cambridge: Cambridge University Press.

Bowers B. 1998. Lengthening the Day: A History of Lighting Technology. Oxford: Oxford University Press.

Flesch P. 2007. Light and Light Sources: High-Intensity Discharge Lamps. Berlin Springer.

Schubert E F. 2006. Light-Emitting Diodes (Second Edition). Cambridge: Cambridge University Press.

Yoshizawa T. 2015. Handbook of Optical Metrology: Principles and Applications (Second Edition). Boca Raton: CRC Press.

第2章　照明与能效

在第1章我们简单了解了与照明相关的基本知识，为了获得照明，光源或灯具通过能源消耗（如电能）将其转换为光能，满足人们对于照明的各种需求，为人类社会的文明与发展服务；随着人类的发展与社会的进度，我们在享受照明给我们生活带来便利的同时，也对于照明的能源消耗问题更加关切；对于照明质量与照明效果提出了更高层次的人性化需求；对于环境的影响、资源的利用与可持续性的研究也将更加深入。

本章节内容通过照明能耗及照明应用的现状分析，提出照明能效的重要性，基于人本位的角度思考，揭示了绿色照明的低碳、以人为本、智能化、环保与可持续性的基本特点与发展趋势。

2.1　照明能耗的现状分析

随着人们对照明需求的持续增长，全球照明用电量也在逐年增长。据统计，全球照明用电约占全球总用电量的19%。据2008年数据显示，我国照明用电消耗4100kW·h，占国内用电总量的13%（岳红，2013），而且还在以平均每年15%左右的速度递增。由于照明工程的耗电量和节电潜能都十分巨大，我国早已开始推行以制造优质节能照明电器产品和科学照明设计为基本手段的中国绿色照明工程。绿色照明是指通过科学的照明设计，采用效率高、寿命长、安全和性能稳定的照明电器产品，改善和提高照明条件和质量。中国绿色照明工程自1996年9月开始实施，其后每个五年规划都会将其列为重点节能工程，并做出绿色照明工程的上阶段回顾和下阶段规划建议。2006年发布的10年成果总结中显示，1996~2005年，中国绿色照明工程累计节电590亿kW·h，相当于减少排放二氧化碳1700万t，减少排放二氧化硫53万t。因此，继续大力开展绿色照明节电，继续挖掘照明的节能潜能，是落实可持续发展战略、推进生态文明建设的重要组成部分。

2.1.1　照明能效

能效这个词在最近被广泛提及。能效又称“能源使用效率”，用来描述所需服务或功能的发挥作用与实际消耗的能源量之比。例如，评价照明能效的参数为 lm/W，其值越高，单位能量内产出的光越多，即能量的使用效率越高。能效可以用于更多的对象，基于其愈发广泛的内涵和专业化的评估参数，为了便于公众比较和选择节能产品，行业上出现了能效等级的综合性指标。

能效标准及标识制度是确定能源节约与浪费的尺度（王文革，2007），根据我国能效标识管理办法，如针对家用电器产品，我们将其能效可分为 1、2、3、4、5 个等级，如图 2-1 所示。1 表示产品节电已达到国际的先进水平，能耗最低；2 表示产品比较节电；3 表示产品能源效率为市场平均水平；4 表示产品能源效率低于市场平均水平；5 是产品市场准入指标，低于该等级要求的产品不允许生产和销售。

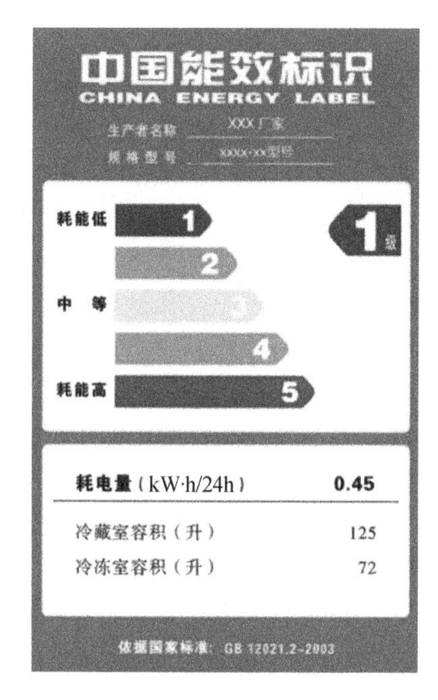

图 2-1　中国能效标识示意图（针对某品牌冰箱产品）

再如，洗衣机能效等级的分类就是集合了用电用水量、洗净率的一个综合性评价。

提高了能效，在企业运营中就是节约了成本，充分利用了设备，减少了能源消耗，增大了产出效率；在全球低碳经济的热潮中，只有不断提高能效才能紧跟当代产业的发展趋势，不被时代所淘汰。对用户方而言，提高能效就可以获得更多更好的服务，同时降低获得服务时的能源消耗。全国乃至全世界目前的能源与环境形式也要求必须节约能源，而提高能效则是节约能源的最有效也是最可行的方式。

改革开放以来，虽然我国经济获得了快速发展，但是主要是高投入、高消耗、低效率的粗放型经济增长方式。近几年来，虽然国家各个层面上很重视环境污染和能耗问题，但是粗放式经济增长方式还是没有得到明显改变。所以要实现全面建成小康社会的宏伟目标，必须走出一条高科技含量，低资源消耗、少环境污染、并且人力资源优势得到充分发挥的新型工业化道路。然而，随着经济和人口的不断增长，矿产、能源等资源不足的矛盾会越来越突出，生态建设和环境保护的形势将日益严峻。

因此，大力推进节能降耗，发展低碳经济是我国未来的发展方向，其中提高能效是成本最低、见效最快的途径。

2.1.2 照明能效的基本要素

基于提升光源及照明系统的发光效率与利用效率，尽量减少照明对于能源的消耗这一目标，我们分析照明光源能量的转化过程以及在灯具与系统的光被利用的过程效率，可基本获知影响照明能效的基本要素，从而可以有针对性地提出一些策略与方案。

(1) 针对光源

对于不同类型的光源，基于不同的发光原理，在将电能或其他形式的能量转换为光能的过程中，存在的转化效率各异，通过分析在此转化过程中能量的损失以及影响其转换效率的因素，为研究提升效率提供了条件。

(2) 针对灯具

灯具将光源所发出的光通过特定的导光结构将其导出，在形成可被利用的光照过程中，灯具外形结构、导光材料等相关因素，影响着灯具的效率。

(3) 针对照明系统

当以一个照明系统为研究对象，为达到系统特定的照明使用效果，我们往往会基于特定区域的功能需求或规范，通过系统层面的照明设计规划来实现整体照明效果这一初始目标。在这一过程中，会因系统规划方案的差异，如灯具的选用、灯具的搭配、灯具的安装方式以及智能控制方式等条件的差异，而影响整个系统的能耗差异。

以建筑照明系统为例，建筑照明占世界电力消耗的很大一部分，住宅和办公室中20%~50%的能量被消耗在照明上。在有些奢华的建筑中，照明能耗可占到用电的90%。照明的花费可以达到很高，以一个每天只点亮6h的100W灯泡为例，每年的耗电会超过200kW·h，电费近200元。根据联合国环境规划署估算，如果把全世界的白炽灯都换成节能灯，每年将会节约4090亿kW·h的电力，几乎占到了全球电力消耗的2.5%。这个数量相当于美国和丹麦全年所有电力消耗的总和。所以照明是现今能源使用的关键组分，尤其对照明量巨大的大型办公楼群而言。一些可以减少建筑照明需求的策略如下。

1）规范待照明区域的照明需求量。

2）分析照明布局水平，确保设计中不会出现不利的照明（如眩光、颜色混淆等）。

3）综合考虑室内外照明。

4）充分利用日照时间。

5）选择高科技节能的光源和灯具。

6）让住户和管理员学习如何更高效地使用照明系统。

7）充分利用自然光。

8）轮流停电计划可以减小电力需求。

照明需求标准是决定一项工作需要照度的首要依据。显然，走廊或浴室需要的照明水平肯定会比文字处理工作需要的照度小。一般而言，照明的能量消耗与需要的照度水平是成正比的。可惜的是，如今多数照明标准已经由灯具厂商做出规定，所以建筑照明设计中会存在一些传统遗留的偏颇，尤其是在办公建筑和工业建筑中。

2.2 研究照明与人、环境、社会的关系

随着照明技术的发展与照明应用的日趋广泛，照明对人、环境与社会造成的影响也越来越突出。目前在照明的应用中存在着一些误区与问题，如一味追求高照度水平，忽视了照明质量，轻视了照明设计，道路照明眩光存在安全隐患；灯具使用类型与场所不符合，有害身心健康的照明光源对环境与生态产生恶劣影响，如光污染、光入侵、天空辉光、光混乱等问题，照明产品的可持续性问题等需要得到重视。

2.2.1 照明与人

照明首要目标是要提供给人眼最舒适健康的光源照明，以符合人们在工作学习休息娱乐甚或审美等各种场景的不同功能性需要；根据不同的场景需求，人眼对于照明光源的光和色会做出不同的生理反应。评价和衡量照明光源的相关功能性指标，也是多层次的综合体现。

1）对于照明光源的不同色温，人会有不同的生理反应，根据人的反应情况，光源被适用在不同的照明场景中。例如，用于卧室及休息区的照明光源，适当亮度的暖色调光源会放松人的情绪；而在忙碌而繁杂的产线场所，冷色调的光源会给人以明亮和镇定，更易于集中精力、不易犯困。

2）对于服装橱窗、珠宝柜台、餐厅、陈列室、展览馆等场所，需要达到强调物体细节、营造氛围、体现色泽的目的，更看中的是光源的显色指数或对于特定参考色的显色指数。

3）对于不同的场景，人眼对照度水平的需求标准不一，同时照度也并不能完全反映在特定照度下人眼的真实视觉亮度水平。例如，同样 20 lx 的参考照度水平下的道路照明场景与阅读场景，人眼的真实视觉亮度水平会存在明显差异；如果将人眼类比为一架智能灵敏的成像系统，在用于行车照明的道路场景下，人眼只需要看清物体视觉轮廓与边界，这相当于仅需要较低分辨率成像，国际标准化组织（International Organization for Standardization，ISO）控制在很高的水平，成像噪点很高也没关系，人眼的感觉是可视距离较远且清晰；但在阅读场景下，由于需要分辨率很高的成像效果，ISO 被控制在很低的水平用于抑制成像噪点，在此照度条件下，成像昏暗不清，人眼会觉得亮度远远不足。

4）照明的眩光问题也是不容忽视的，它是影响照明质量最主要的因素。由于光照对比度的强烈反差，所造成在视网膜上的成像亮度的不一致，轻者人眼会产生不舒适的感觉，严重者会危及眼睛的健康。

5）照明的光辐射安全问题同样需要引起足够的重视，由于人眼对于特定谱线的波长有着独特的响应，如在 400 ~ 500 nm 的波长范围内照射后，引起的光化学反应可能会导致视网膜的损伤，如果照射时间或剂量超过一定的阈值，将会有严重的危害。

2.2.2 照明对于环境的影响

（1）光污染

如果不加以规范，照明就会像声音、二氧化碳污染一样，形成光污染。那些过度照明的光线，错误的入射光、反射光与散射光，不需要的光进入了自然或低水平照度的区域，将会对环境造成严重的影响。它主要来自建筑内外的灯光、广告牌、商业楼盘、办公室、工厂、路灯、体育场、玻璃幕墙等。光污染在工业化发达、人口稠密的地区最为严重，包括北美、欧洲、日本以及中东北非的大城市，如德黑兰和开罗，但实际上即使是较小量的光也可能造成问题，它会造成的已知危害主要表现为以下几点。

1）对生态环境造成破坏，使生态系统发生紊乱，尤其对感光生物产生严重影响。例如，喜欢在光亮的地方织网的蜘蛛，会很乐于把网织在灯柱上，灯柱附近会吸引飞虫，这样喜欢在亮处织网的蜘蛛就会比其他种类获得更多的食物。这是个简单的例子，说明夜间照明会对生物的种群出现率及食物网情况产生扰乱。光污染对夜间的野生生态系统造成很大的威胁。同时，光污染会扰乱生物的生理导航，影响竞争关系、捕食关系乃至产生生理伤害。生物的昼夜节律是自然长期形成的，扰乱这种节律会影响并冲击生态系统的动力。

2）过多的光照造成的不舒适，或对人体健康有不利的影响。过度的照明或者不当的光谱组合的照明对健康的影响主要包括增加头痛几率、容易疲劳、产生紧张感、减弱性功能增强焦虑。同样的，对动物的实验也表明不合理的照明会产生负面情绪。如夜里的照明，会对动物产生比较强烈的刺激和警醒。

3）造成巨大的能源浪费。

4）对天文观测造成影响。无论专业还是业余的天文观测者对光污染都非常反感。天空辉光降低了星星与夜空本身之间的对比，使观测这些微弱的目标更加困难。新的天文望远镜往往会设置在偏远地区，光污染是原因之一。有些观测者会采用只收集星云某特定波长范围的窄光谱“星云滤镜”，或者滤去钠和汞光谱的“光污染滤镜”，因为造成天空辉光的照明往往主要是钠灯或者汞灯。但光污染滤镜也不能完全解决问题，采用这种滤镜的望远镜的放大倍数会受到限制；而滤去一部分光谱后，会使观测的目标颜色偏绿；光污染滤镜仅适合星云的观测，而对星系和恒星的观测效果不好。

5）增加大气污染。有研究表明光污染会破坏空气中的硝酸，这会造成汽车和工厂的废气更容易形成烟雾。

6）减弱自然的天空偏振。晚上，月光的自然偏振会受到光污染的严重影响。人类感觉不到这种偏振月光，但研究认为许多生物通过月光的偏振进行导航。

（2）减小光污染的方法

减小光污染的方法主要是针对光污染的危害来源采取措施，一些可能的解决方法如下。

1）使用能够完成照明目的的最小照明。

2）在不需要照明的时候，采用计时器或感应器，或者直接手动将灯熄灭。

3）改进灯具，将光更精确地照到需要照明的地方去，减小副作用。

4）调整灯具的类型，使用不容易造成光污染的光波类型。水银灯、金属卤化物灯和第一代蓝光 LED 灯比钠灯会造成更多的光污染，因为相比于黄光和红光，大气会更多的散射蓝光。LED 光源也可以通过调整光谱实现减少光污染。

5）重新评估现有照明设计，根据现有照明是否确实需要，重新设计部分或全部照明。

2.2.3 照明的可持续性研究

对于照明产品，我们考虑的不仅只是它作为一款产品在被正常使用期间对于能源的消耗，还应考虑环境的影响及其经济社会价值的体现。所以，更应该站在一个更长的时间周期，以及一个更宽泛的影响范围下来综合考虑其对于环境及各方面因素的影响。这一更长的周期通常称为产品的生命周期。例如，从原材料的提取到加工，产品的生产、运输、使用、维修以及废弃回收处理全过程，其中各个环节对于环境的影响都是需要考虑的。对于环境造成影响的一些相关指标包括水、原材料、能源、空气排放、污水排放等。

例如，我们在生产同一功能的照明产品时，对于原材料的选择不同，会依据该物质在地球上的储量，折损的速率以及毒性的强弱等综合考虑，对环境所产生的影响各异；在材料加工、产品生产过程中，不同的工艺消耗的能源以及排放的标准不一；在产品运输过程中，对于能源消耗不仅与产品的重量、体积有关，还与地理位置，运输的交通工具有很大的关系；在产品的使用过程中，如白炽灯与LED 灯，照明的质量（正常使用寿命)、产品的能效等因素，与能源的消耗直接相关；在产品的废弃回收阶段，处理的难度对环境造成的污染程度各异。综合考虑各个阶段的影响因素，我们才能较为客观地评估一款产品对于环境的综合影响因素；这样在分析各个环节过程中，我们才可能通过选择合适的材料、采用不同的工艺等优化产品，尽量减少能源消耗及其对环境的影响。

2.2.4 绿色照明

随着社会进步，人类从最原始的火光照明逐渐演化到现今更为纷繁复杂的电力照明。而为追求环境与照明的协调，在讲究效果之时更注重效率，“绿色照明”的理念应运而生。传统的绿色照明的内涵是节能和环保；随着对照明人性化要求的提高，“绿色”也更多了一层注重人性的光彩。绿色照明应符合以下几个基本特征与发展方向。

(1) 以节能技术为目的的低碳照明

以节省能源消耗，提高能效为主要目标，基于光源、灯具、应用以及系统照明优化设计与智能控制等各个层面，探讨并拓展节能技术。

例如，针对不同类型的光源，我们可探讨其发光原理，分析影响其发光效能的诸多因素并进行有针对性的改善与提高；针对灯具层面，我们可在光学器件，材料选择上做出改善，提高其出光效率；针对照明的应用，我们完全可以根据需要，选择合适的照明光源；从系统的层面，通过照明设计及管理控制，采取调光、兼容光伏系统等诸多手段，以达到节能的目标。

(2) 符合人眼友好视觉的照明

照明的最主要目标是基于人们在各种场景下对于照明的不同需求，以及人眼对于照明所做出的不同反应为主要考量点，提供给人眼最舒适健康的光源照明，以符合人们在工作、学习、休息、娱乐甚或审美等各种场景的不同功能性需要，并获得良好的视觉效果。通过研究人眼视觉系统的形成机理、人眼对于光源与照明所做出的生理响应、衡量与评价照明的综合光色指标参数等，使得人们能从光源的选择、灯具的应用以及照明系统的优化设计等层面，提供依据与参考，达到符合人眼友好照明视觉的效果。

(3) 智能化照明

随着科技的发展与进步，人们对于照明需求也变得多元化。基于节能、照明系统管理、兼容性、传感控制、情景模式转化等诸多目的，我们将智能控制系统、传感器、无线控制等技术兼容到照明系统中。

(4) 可持续性与产品的可持续性技术研究

以产品的整个生命周期全过程为研究对象，基于降低能源消耗和减少对环境的污染或影响为宗旨，研究在原材料提取、生产、运输、使用、废物回收等各环节的可持续性的方案。

2.3 能效工程与建筑能效

能效工程的鼻祖是出生于 1926 年的物理学家罗森菲尔德（Arthur H Rosenfeld）博士，如图 2-2 所示。罗森菲尔德师从著名物理学家费米，于 1954 年在芝加哥大学获得博士学位。随后，他加入著名的加利福尼亚州大学伯克利分校的劳伦斯伯克利国家实验室（LBNL），从事粒子物理研究直到 1974 年。

1974 年，罗森菲尔德博士改变了他的研究重点，转为能源的有效利用，并在 LBNL 形成建筑科学中心，他带领该中心开展研究直至 1994 年。该中心开发了一系列节能技术，包括荧光灯照明技术，紧凑型荧光灯电子镇流器的一个关键技术，还有一种窗玻璃透明涂层材料，这种材料可以阻止光线的任一逃逸（冬季）或进入（夏季）。罗森菲尔德博士亲自负责开发 DOE-1 和 DOE-2 系列计算机程序来构建在加州的建筑节能标准。该标准在纳入 1978 年的 DOE-2 系列之后的 25 年中，一直用于国家标准节能分析与建筑能耗分析。从 1998 年开始，DOE-2 原文为 Fortran 语言，在 C++重写，包括数百种新功能，使用户能够捕捉到十年

图2-2　作者（左）与罗森菲尔德博士（中）、卢基存博士（右）在加利福尼亚州大学戴维斯分校的2010年R20区域环境协作峰会

的建筑构件、设备、传感器和控制进度。因此装备DOE-2改名为能源Plus，此后无论是在美国还是海外都被广泛采用。

罗森菲尔德博士也是美国节能经济（ACEEE）和加利福尼亚州大学能源与环境学院（CIEE）的创始人。

2.3.1　美国建筑能效标准（ASHRAE90.1-2010）

美国暖通空调制冷工程师学会（American Society of Heating, Refrigerating and Air-Conditioning Engineers, ASHRAE），成立于1894年，是一家全球性的国际组织，旨在发展人类建筑环境的可持续性目标。其专注于建筑系统、能源效率、室内空气质量、制冷、可持续性研究等方面，并通过开展科学研究，制定标准、出版和培训继续教育等方式，致力于规划未来美好的建筑环境蓝图。

ASHRAE90.1-2010能效标准，是除低层民用建筑以外的商用建筑能效标准，通过改善在涉及建筑方面的照明、日光采集、控制、建筑外围结构、机械系统及应用等方面，达到更好的节能目标。通过标准的数据分析，对比ASHRAE 90.1-2007标准，商用建筑能耗可降低18.2%的一次能源，实现建筑节能18.5%。研究针对减少照明能耗的措施来实现建筑节能，如采光天窗的控制欲调试；降低在外部特定区域的照明；降低照明用能密度；在建筑设计中考虑日光采集技术的相关结构，以及日照控制技术等。

2.3.2 中国《公共建筑节能设计标准》(GB 50189—2015)

中国公共建筑节能标准，是通过建立代表我国公共建筑特点与分布特征的典型公共建筑模型数据库，来确定节能目标标准。针对照明的部分，尤其是针对建筑照明设计过程中，对于照明功率密度做出了限制；同时在对于光源的选择、灯具的选择、照明设计及照明控制方面，亦给出了指导意见和规范要求。

2.3.3 LEED 认证

绿色能源与环境设计先锋奖（Leadership in Energy and Environmental Design, LEED）是美国绿色建筑认证奖项，由非营利组织美国绿色建筑协会（USGBC）于 2003 年开始运作。目前在世界各国的各类建筑环保评估、绿色建筑评估及建筑可持续性评估标准中，LEED 被认为是最为先进、具有实践性的绿色照明认证评分体系，并且成为全球默认的主流绿色建筑评级体系。

LEED 认证旨在帮助项目小组明确绿色建筑的目标，制定切实可行的设计策略，使项目在能源消耗，空气质量、生态、环保等方面达到国际认证体系指标与标准，为项目今后的用户提供高质量、低维护成本、健康舒适的办公和居住环境。LEED 认证主要重视的是对于能源消耗的审核，能源模拟计算报告、建筑生命周期价值评估报告及节能技术效果的体现。主要评分措施分布在以下几个方面。

1）可持续发展建筑场地。

2）节水。

3）能源与环境。

4）材料与资源。

5）室内环境质量。

6）创新设计过程。

2.4 LED 照明能效标准

LED 照明产品具有节能环保、显色性好、寿命长的特点，逐渐取代传统照明光源。随着固态照明产品 LED 在各照明领域的应用和普及，发展与推广节能技术、提高能源效率、优化能源管理变得越来越重要，如何有效评定 LED 照明产品的能效等级成为非常重要的问题，世界各国都先后在 LED 照明产品的相关能效标准方面进行了标准规范（何益壮，2011）。2008 年 1 月，我国将照明相关产品纳入能效标识的管理办法中。相比于我国，美国能源部（United States Depantment of Energy，DOE）提出了能源之星（Energy Star）认证计划，其中对于 LED 的照明能效进行了规范，近期又专门针对 LED 灯具发布了新的要求规范，包括规范了测试程序具体要求并提供了准入海关的标准。欧盟在 ErP[1] 指令中也出台了类似的规范——《制定耗能产品生态设计要求的框架指令》，专门针对 LED 照明提出能效要求，同时在 2013 年 9 月正式生效了《LED 照明产品最新能效》。灯和灯具的 CE- Mark 要求在 LVD 指令和 EMC 指令的基础上，新增的（EU）No1194/2012（定向灯、LED 灯和相关设备 ErP 要求）指令和（EU）No874/2012（灯泡及灯具的能效标贴）指令，对于 LED 灯及其设备的功能性、安全性、能效性都提出了更高的要求（童生华，2010）。印度能源局（BEE）也类似美国“能源之星”的认证体系，推出了能源效率等级标识。

2.4.1 中国 LED 能效标准

为适应照明行业的发展，推行产品效率标识的进度，2016 年，国家针对普通照明自用荧光灯、高压钠灯以及普通照明用非定向自镇流 LED 灯颁布制定了相关规范，实施新的能源效率标识。

2016 年新增的《普通照明用非定向自镇流 LED 灯能源效率标识实施规则》，主要适用于 2W ~ 60W/220V/50Hz 的不具有外加光学透镜的普通照明非定向自镇流 LED 灯，针对其能效等级、初始光效、额定功率、色品容差、光通过维持率、额定功率等方面做出了详细要求。其中，依据灯具结构、色调代码及配光类型等归类产品规格型号进行备案，见表 2-1。

表 2-1　标识备案之照明产品规格型号划分表

色调代码	65/50/40		35/30/27/P27	
配光类型	全配光	半配光/准全配光	全配光	半配光/准全配光
额定功率 P（W）	$2 \leq P \leq 5$	$2 \leq P \leq 5$	$2 \leq P \leq 5$	$2 \leq P \leq 5$
	$5 < P \leq 10$	$5 < P \leq 10$	$2 \leq P \leq 5$	$2 \leq P \leq 5$
	$10 < P \leq 25$	$10 < P \leq 25$	$10 < P \leq 25$	$10 < P \leq 25$
	$25 < P \leq 60$	$25 < P \leq 60$	$25 < P \leq 60$	$25 < P \leq 60$

① ErP 即 energy related products，指能源相关产品。

引用 GB 30255—2013 中对于灯具能效等级的规定，依据初始光效（lm/W）分成以下三个等级，见表 2-2。

表 2-2　普通照明非定向自镇流 LED 灯能效等级　（单位：lm/W）

能效等级	色调代码：65/50/40		色调代码：35/30/27/P27	
	全配光	半配光/准全配光	全配光	半配光/准全配光
1	110	115	100	105
2	90	95	80	85
3	63	70	59	65

2.4.2　欧盟能效标准

欧盟能效标准组织为了提升能耗水平，制定一系列具体产品的生态设计要求与实施措施——能源相关产品的生态要求指令，即 ErP 指令。该指令以控制生态环境污染为目的，规定了耗能产品的一般生态要求和特殊生态要求，并据此制定了一系列具体产品的生态设计要求和实施措施，但它并不是针对单一产品要求的指令，而只是一个框架性的指令。

针对 LED 相关照明产品的能效等级的两项指令［（EU）No1194/2012 和（EU）No874/2012］，是欧盟第一次正式、系统地对其产品能效等级、能效标签等相关内容做出明确的规定。

首先，该法规将 LED 灯具划分为两大类，即定向灯和非定向灯。定向灯，是指在 120°圆锥立体角内的额定光通量（有用光通量）有 80% 以上的光输出的照明灯具；除了定向灯以外的灯具都为非定向灯。通常情况下，有反射杯或罩的灯泡都是定向灯，球泡、烛形泡之类的都是非定向灯。

ErP 通过引入能源指数 EEI（energy efficiency index），对能效等级给出如下规定，见表 2-3。

表 2-3　ErP 框架指令下规定的灯具能效等级

能源等级	非定向灯能效指数	定向灯能效指数
A++	EEI<0. 11	EEI<0. 13
A+	0. 11<EEI<0. 17	0. 13<EEI<0. 19
A	0. 17<EEI<0. 24	0. 18<EEI<0. 40
B	0. 24<EEI<0. 60	0. 40<EEI<0. 95

续表

能源等级	非定向灯能效指数	定向灯能效指数
C	0. 60<EEI<0. 80	0. 95<EEI<1. 2
D	0. 80<EEI<0. 95	1. 2<EEI<1. 75
E	EEI≥0. 95	EEI≥1. 75

其中，能效指数（EEI）的计算公式如下：

$$\mathrm{EEI}=\frac{P_{\mathrm{cor}}}{P_{\mathrm{ref}}} \tag{2-1}$$

式中，P_{cor}为灯在额定输入电压下测得的额定功率（prated）的修正值；P_{ref}为灯的参考功率；P_{ref}由灯的有效光通量 Φ_{u}通过如下公式计算获知：

有效光通量 $\Phi_{\mathrm{u}}< 1300$ lm 时：

$$P_{\mathrm{ref}}=0.88\sqrt{\Phi_{\mathrm{u}}}+0.049\Phi_{\mathrm{u}} \tag{2-2}$$

有效光通量 $\Phi_{\mathrm{u}}\geq 1300$ lm 时：

$$P_{\mathrm{ref}}=0.07341\Phi_{\mathrm{u}} \tag{2-3}$$

2.4.3 美国能源部能源之星

能源之星（Energy Star）是美国能源部和美国国家环境保护署联合推出的一项产品能效认证计划，主要针对消费性电子产品，目的是降低能源消耗，减少气体排放。在美国国家环境保护署的积极推动下，固态照明技术在能源效率以及性能稳定性上取得的巨大进步，使得减少美国照明一半的能源消耗成为可能，对减少温室气体排放，应对全球气候变化问题具有重要的贡献。美国能源部每年都会公布推进与固态照明技术（SSL）相关的前沿进展，诸如能源效率、产品可持续性分析和对于环境影响等。

被能源之星纳入认证范围的产品有家用电器、制热/冷设备、电子产品、照明产品等。该计划中对关于户内/外照明 LED 灯具的能效、显色指数、相关色温、流明维持率、色稳定性等关键特性进行了要求，对其测试标准与测试方法也做出了相应的参考标准，只有符合其标准要求的产品才能加贴能源之星的标识。

针对 LED 灯具，对于能源效率的要求如下。

1）LED 灯具能效。具备二次光学设计器件的 LED 灯具能效需求大于 40 LPW（每瓦流明数），不具备二次光学设计器件的 LED 灯具能效需求大于 50 LPW。

2）流明维持率：①针对室内灯具，至少 25 000h 的 70% 流明维持率（L_{70}）。②针对整体式 LED 灯能源效率要求。

第一，功率小于 10W 的非标准 LED 灯和非定向 LED 灯的能效要求大于 50 LPW；

第二，功率大于 10W 的非标准 LED 灯和非定向 LED 灯的能效要求大于 55 LPW；

第三，装饰用 LED 灯能效要求大于 40 LPW；

第四，定向 LED 灯，根据尺寸的不同，灯具的能效需求也有所不同：首先，直径小于 20/8 英寸的定向 LED 灯能效需求大于 40 LPW；其次，其他定向 LED 灯，能效需求大于 45LPW。

2.4.4 美国加利福尼亚州 DLC

美国灯具设计联盟（the Design Lights Consortium™，DLC™）源于美国东北能源效率合作组织（Northeast Energy Efficiency Partnerships，NEEP）项目计划的一部分，于 1996 年成立，作为一个区域性的非营利认证结构，致力于推进高性能、高能效的商业照明解决方案，通过各方面通力合作，引领行业领域的高效能的需求，为会员和从业者提供诸如工具、资源、技术交流等便利条件。

最早于 1998 年，DLC™就开始倡导高效能的商业照明模式。最初的工作组管理者意识到许多能效项目达不到预期效果，鉴于此，DLC™开始为电气承包商或照明设备分销商提供特定商业照明场所的照明设计指南，诸如办公室、零售商店、仓库等区域场所。他们在商业照明领域提供了最新高效的照明设备、最先进的设计理念及设计标准准则。DLC™这些先进的设计标准与理念得到了建筑师和工程师的广泛认可与借鉴，并在新的建筑节能法规出台前被广泛使用。

在 2006 年，DLC™在北美成功推广高效能 T8 荧光灯管商业照明模式后，便开始将精力放在能源效率的项目上。2008 年，随着 LED 进入通用照明与商用照明领域，相关的能效组织非常看重 LED 的节能效益，由美国能源部固态照明技术（SSL）小组所倡导的美国能源之星认证，为了避免重蹈在 20 世纪 90 年代紧凑型荧光灯的覆辙，针对消费者所关注的 LED 照明产品增加了资格认证的环节，这也保证了 LED 技术的高品质与高性能。在这种背景下，针对商业照明 LED 灯具，DLC ™很快也推出了相应的认证标准。

2010 年，DLC™推出商业级照明灯具的合格能效产品列表（qualified products list，QPL），之后，DLC™在短短几个月的时间内发展壮大。如今，DLC™成员包括美国大约 30 个州和加拿大 3 个省，2012 年 12 月，DLC™清单包含来自约 250 家公司的 18 000 种灯具，并仍在不断发展。现在，DLC™为能源效率项目成员间提供了协作平台，通过前沿技术的交流、教育等方式，推动着照明市场的不断创新。鉴于在照明领域与能效工程方面的杰出成就，NEEP 收到了美国能源部的照明合作奖项，并取得了美国能源服务团协会（Association of Energy Services Professionals，AESP）能源项目设计实施杰出成就奖。

2016 年 6 月，DLC™ 正式颁布了针对 LED 灯具、套件、灯管等产品的 Technical Requirements Table V4.0 版，大幅提高了认证产品的光效要求。DLC V4.0 中，对产品的发光效率、性能要求与 V3.0 版中的要求相比，各类照明产品光效要求普遍提高了 20 ~ 25 lm/W（DLC Standard），户外照明产品提高了 10 lm/W（DLC Premium），室内照明产品提高了 15 ~ 20 lm/W（DLC Premium），橱窗照明产品提高了 40 lm/W（DLC Premium）。

2.4.5 美国加利福尼亚州 Title24

Title24 能效标准，是美国加利福尼亚州政府为了解决住宅与商用建筑的能源效率所制定的能源标准的一部分，被包含在 1978 年加利福尼亚州立法机关所制定的能源标准的 Title24，加利福尼亚州法典的第 6 部分中，目标是为了提供能源效率、降低能源成本、提高电力供应的可靠性，改善建筑居住的舒适度，尽可能地减少对环境的负面影响。

由于以减少能源消耗为目标的全球变暖解决方案与以温室气体减排为目标的各种法案的出台，为实现减少建筑能源消耗与保护环境，提高能源效率的 CEC Title 24-2016（美国加利福尼亚州建筑能效标准）近期出台，该法规在水、暖、电气、照明、空调系统等方面采取了更为严格的节能措施，并要求适用的高效光源必须满足 Joint Appendix JA8-2016 的测试与要求。

其中包括：①固定式家用灯具（不可拆分整体式灯具、除带 E26 灯头外的嵌入式天花灯、带 GU-24LED 灯泡的灯具）；②灯泡（全向灯、定向灯泡、装饰性灯泡）；③光学引擎（light engine）。主要涉及测试参数为初始光效、功率因素、启动时间、CCT、Duv、CRI、R9、寿命、6000h 流明维持率/存活率、调光、闪烁、噪音、标签等方面的具体要求。

该标准通过预估住宅与商用建筑能耗模型，以评估节能效果，即通过采用高效的建筑能耗标准来计算确定。随着旧的设备与设施被更先进、更高效的设施、模块取代，节能效果随着时间的累计变得越来越可观。由于这些标准和其他能效措施成功实施，使得美国加利福尼亚州人均耗电在 40 年内基本持平。

随着新的建筑节能标准在 2017 年生效，对比加利福尼亚州的 ASHRAE 90.1-2013 现行标准，新标准在几个关键领域，尤其在提高建筑物的能源效率，采用了室内外更为严格的照明功率密度限值，新增了室内照明控制等方面的内容，保守估计，全州每年将节省电力 2.81kGW·h，并减少温室气体排放 16 万 t。

思 考 题

1. 1884 年第一条交流电网在意大利世界博览会上接通，其中照明用电占多少？
2. 一支 T8 荧光灯的汞含量是多少？目前荧光灯能有效的回收吗？
3. 蓝光对视觉有什么影响，黑灯看手机为什么不好？
4. DLC 和 Title 24 对灯具能效要求有何不同？

参 考 文 献

北京照明学会照明设计委员会 . 2006. 照明设计手册（第二版）. 北京：中国电力出版社 .
何益壮 . 2011. LED 光源及灯具能效等级评定方法研究 . 中国照明电器，(9)：7-16.
全国照明电器标准化技术委员会 . 2006. GB/T 20145—2006 灯和灯系统的光生物安全性（CIE S009/E：2002，IDT）. 北京：中国标准出版社 .
全国照明电器标准化技术委员会 . 2010. GB/T 24908—2010 普通照明用自镇流 LED 灯性能要求 . 北京：中国标准出版社 .
全国照明电器标准化技术委员会 . 2010. GB/Z 26211—2010 室内工作环境的不舒适眩光（CIE55-1983，IDT）. 北京：中国标准出版社 .
童生华 . 2010. 半导体照明产品欧美市场的能效要求及对比分析 . 电子质量，(6)：56-59.
王文革 . 2007. 我国能效标准和标识制度的现状、问题与对策 . 中国地质大学学报：社会科学版，7（2）：7-12.
岳红 . 2013. 道路照明耗电量大，节能潜力有待开发 . 节能与环保，01：46.
ANSI/ASHRAE/IES Standard 90. 1-2010. Energy Standard for Buildings Except Low-Rise Residential Buildings as mandated by the Texas Administrative Code, Title 34, part 1, Chapter 19, Subchapter C, Rule 19. 32.
California Energy Commission. 2016. Building Energy Standards：administrative regulations California code of regulations Title 24, Part 1.
ENERGY STAR® Program Requirements for SSL Luminaires-Version 1. 1, 2008.
ErP (EU). 2012. NO. 1194/2012 Eco design for directional lamps, light emitting diode lamps and related equipment.
ErP (EU). 2012. NO. 874/2012 Energy Labeling for Electrical Lamps and Luminaries.
Solid-State Lighting Program, Building Technologies Program etc. 2012. Life-Cycle Assessment of Energy and Environmental Impacts of LED Lighting Products. Washington D. C. US / DOE Navigant Consulting Inc.

第3章　照明与视觉

照明与视觉，两者之间的关系是密不可分的，照明使得人类的视觉更加丰富，而视觉则反映了照明的优劣。人眼中的光与色，是由客观存在的光源（本章中多指灯具）、被照物体、眼球以及人的主观感觉共同决定的，因而在讨论照明与视觉时必然要兼顾这几个方面。

3.1　视觉系统

视觉为人类提供了80%以上的外界信息，人通过视觉能够看到万物的形态、颜色和变化。而眼睛是视觉系统的重要组成部分，也是可见光的直接感受器官。人眼通过视觉处理得到环境亮度、物体颜色和尺寸等信息。因此，要想知道视觉是如何形成的便要先从对人眼的研究入手。

3.1.1　人眼结构

人眼是一个结构复杂但是原理清晰的器官。其横截面示意图如图3-1所示。人眼的纵向直径大约是24～25 mm，横向直径大约是20 mm（庞蕴凡，1993）。眼球壁的内层是视网膜和视神经。其正前方是具有屈光功能的角膜，外界光线进入角膜后将发生折射，角膜之后是一层环形的虹膜，瞳孔在虹膜中央，两者共同控制进入人眼光线的多少。眼球的主体是玻璃体，其主要成分是99%的水分和1%玻璃样酸和蛋白质，玻璃体的主要功能就是屈光和固定视网膜。玻璃体前端有一凹陷，用于容纳晶状体。晶状体由多层不同密度的超薄弹性体构成，各层不同的折射率纠正了进入眼球图像的球面相差和色差。在眼球壁中后部的内表面覆盖着一层用以感觉光色的视网膜，其内层有大量神经节细胞，这些细胞构成的神经纤维在盲点处汇集，穿过眼球后壁的部分即为视神经，进入大脑的视觉中枢（Schuh，2008）。在盲点附近还有一处中央凹，此处的视觉最为敏感。

由上可知，与视觉最为紧密的眼球结构就是视网膜，其上存在着大量的视觉细胞，包括视杆细胞、视锥细胞和可感光神经节细胞。感光神经节细胞则与视觉没有直接关系，它连接到下丘脑的松果体，通过抑制褪黑激素的分泌来控制人眼

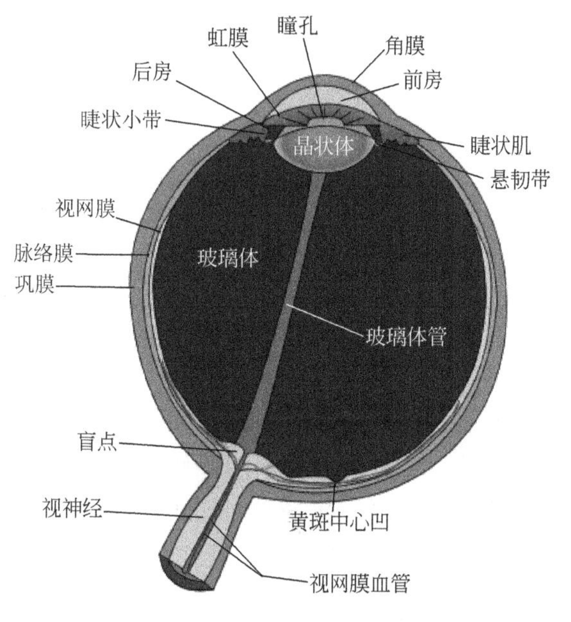

图 3-1　人眼横截面图

资料来源：维基百科

的生物钟机制。与视觉有直接关系的视杆细胞和视锥细胞，其根据形状而命名，并且在功能上有所差别。视杆细胞不能分辨颜色，区分物象细节能力差，但对光十分敏感，对可见光谱有敏感性，在数量上也比视锥细胞丰富得多。视锥细胞对光的敏感度低，但能够感知颜色及分辨物体的层次，同时对动态的灵敏度高于视杆细胞（Lewis and Adam，1942）。经验表明，亮度在 3 cd/m^2 以上的光照条件下，视锥细胞起主要作用，此时的视觉称为明视觉，在此情况下，人眼对 555 nm 的光线最为敏感；亮度在 0.003 cd/m^2 以下，视杆细胞起主要作用，此时的视觉称为暗视觉，人眼对 507 nm 的光线最为敏感；亮度在 0.003 ~ 3cd/m^2 则视杆细胞和视锥细胞共同作用，此时的视觉称为中间视觉。人眼在不同的光照亮度下对颜色的敏感性差异正是两种视觉细胞共同作用的结果（周太明等，2015）。

3.1.2　视见函数

由上节可知，人眼对相同照度下的不同颜色和不同照度下的相同颜色的敏感程度有所差别但又有一定的规律可循，这种规律就可以用视见函数来表示。

视见函数用来进行辐照单位（radiometric）与光度单位（photometric）之间的转换。1924 年，国际照明委员会（CIE）以视角为 2°的点状光源为对象，引入了人眼灵敏度函数，此公式即为 CIE1931 V（λ）函数。在 1978 年，经过修正的 V（λ）被引入，并且命名为 CIE1978 V（λ）公式，此公式主要是在蓝光和紫光波段对 CIE1931 V（λ）函数进行了修正，460 nm 以下波段的灵敏度值比之前的更高一些。

从视见函数图像（图 3-2）中可以看出，明视觉条件下，V(555 nm)＝1，即在 555 nm 处对应的相对灵敏度为极大值，这与之前所提到的明视觉下人眼对 555 nm 的光线最为敏感是相符的。视见函数可以解释在较暗的环境中，人眼对 500 nm 蓝绿光的辨认能力要远强于对红光的辨认能力（Lewis and Adam，1942）。

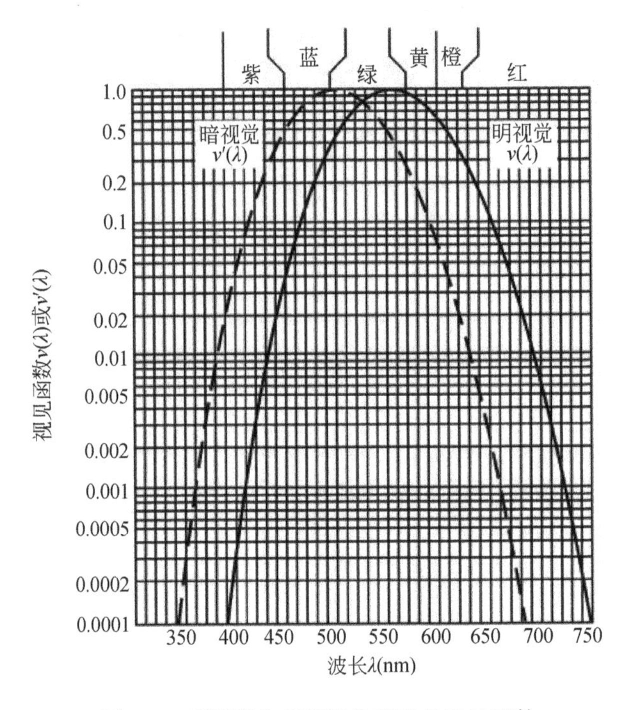

图 3-2　明视觉和暗视觉条件下的视见函数

3.1.3　CIE 色度空间坐标

经典电磁理论的鼻祖麦克斯韦（Maxwell）也是探究色度坐标的第一人。从 1849 年开始，他经验性地测量了混合光中三原色光的比例，并且利用测量结果合成任意色光。麦克斯韦创新性地建立了一套颜色三角坐标，这可以被看做是色度空间坐标的雏形。

随后大约 70 年的时间里，一些科学家在麦克斯韦的研究基础上改良了实验技术并且形成了 CIE1931 标准的基础。色度学用三个量化参数——明度、色调和饱和度来表征色彩，在色度空间坐标上这三个参数可以直接体现。明度、色调和饱和度也被称为颜色视觉三特性。明度为明亮程度；色调是根据波长决定的颜色种类，如 700 nm 波长为红色色调，579 nm 波长为黄色色调，510 nm 波长则为绿色色调等；饱和度为纯度，如没有混入白色的窄带单色，在视觉上该颜色就是高饱和度的。所有光谱中的单色光都是最纯的颜色光，加入白色或其他波长的光越多，纯度就越低，则饱和度也越低（Fairman et al. , 1997）。

在 20 世纪 30 年代前后，CIE 规定了 435. 8 nm 的蓝色，546. 1 nm 的绿色和 700 nm 的红色为三原色光，当三原色光的亮度比例为 1. 0000 ∶ 4. 5907 ∶ 0. 0601 时，可以配出等能的白色光，并用大量实验得以证实。这些所谓的“颜色匹配”实验，其实验原理如图 3-3 所示。

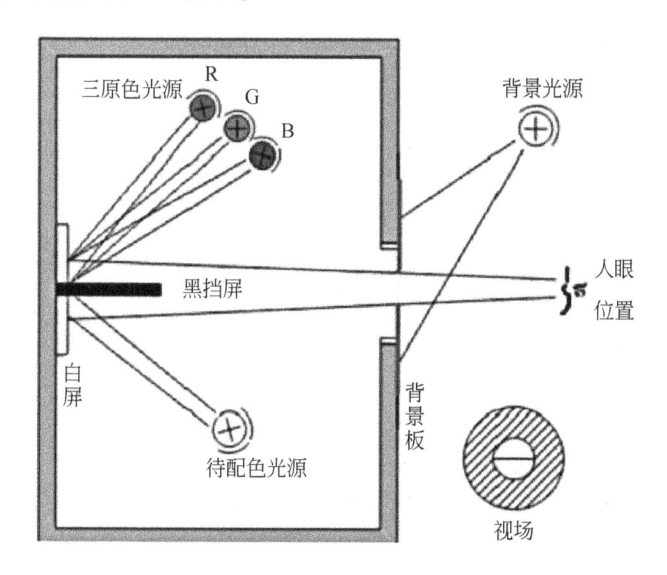

图 3-3　颜色匹配实验原理图

实验中的观察目标是一小块显示屏，显示屏的大小和位置满足其处于观察者正前方 2°的视角处，用某一单色波长的光线（即待测光线）照亮显示屏的半边，另外半边屏幕则由三原色光按照不同的强度比例合成的混合光照亮，观察者对比观测屏幕上的颜色，并且可以自主调节三基色光的强度，直至在其视感中这两区域的光色相同或极为相近。由大量颜色匹配样本进行均值分析得到的色度值分布即可以合成为一套综合的色度坐标，可由色度图反映。

国际照明委员会（CIE）于 1931 年制定了色度坐标图，即 CIE 色度空间坐标，如图 3-4 所示。

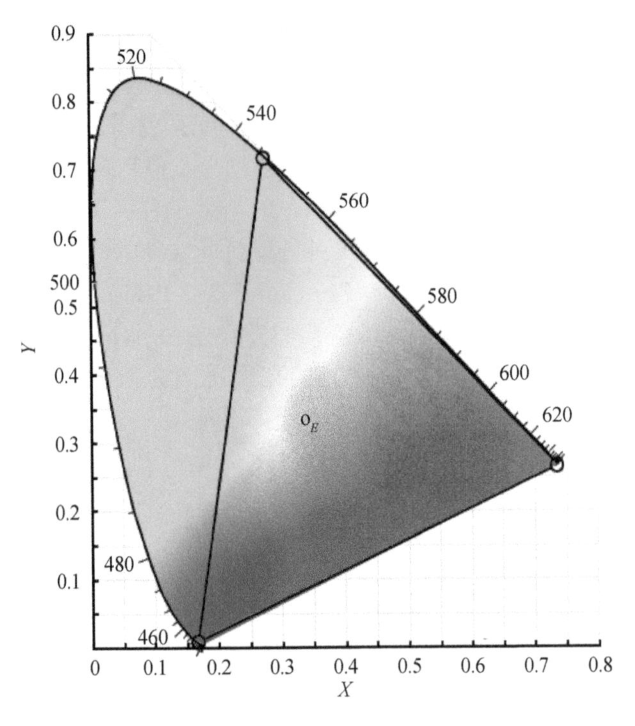

图 3-4　CIE 色度空间坐标

色度空间坐标以组成某一颜色的三原色比例来规定这一颜色，可写成方程式如下：

$$(C)=R(\mathrm{R})+G(\mathrm{G})+B(\mathrm{B}) \tag{3-1}$$

式中，(C) 代表某一种颜色；(R)、(G)、(B) 分别是红、绿、蓝三基色；R、G、B 是每种颜色的比例系数，它们的和等于1，即 $R+G+B=1$，“C”是指匹配即在视觉上颜色相同，如一种蓝绿色可由此表达为

$$(C)=0.06(\mathrm{R})+0.31(\mathrm{G})+0.63(\mathrm{B}) \tag{3-2}$$

若是二基色混合，则另一系数为零；例如，匹配白色，则 R、G、B 相等。任何颜色都可用匹配该颜色的三基色的比例加以规定，因此每一种颜色在色度图中有其确定的位置。色度图中：X 轴色度坐标为红基色的比例；Y 轴色度坐标为绿基色的比例。由于 Z 的坐标值可以根据比例系数关系 $X+Y+Z=1$ 推算出来，即 $Z=1-(X+Y)$，所以图中没有 Z 轴色度坐标，即蓝基色所占的比例。色度图中的弧形曲线上的各点为光谱轨迹，是由光谱上各种颜色所构成的。红色波段占据色度图的右下部，绿色波段占据左上角，蓝紫色波段则在左下部，图下方连接 400 nm 和 700 nm 的直线部分是光谱上所没有的。图 3-4 中心的 E 表示白色，相当于中午阳光的光色，其色度坐标为 $X=0.3101$，$Y=0.3162$，$Z=0.3737$。

3.1.4 麦克亚当椭圆

1942 年，麦克亚当在 CIE 1931 *XYZ* 色度坐标的基础上研究了每个色光点沿着 5 ~9 个对侧方向上的恰可辨识差别，结果得到一些面积大小各异、长短轴各不相等的椭圆，即麦克亚当椭圆，其表示了色品的分辨力，如图 3-5 所示。

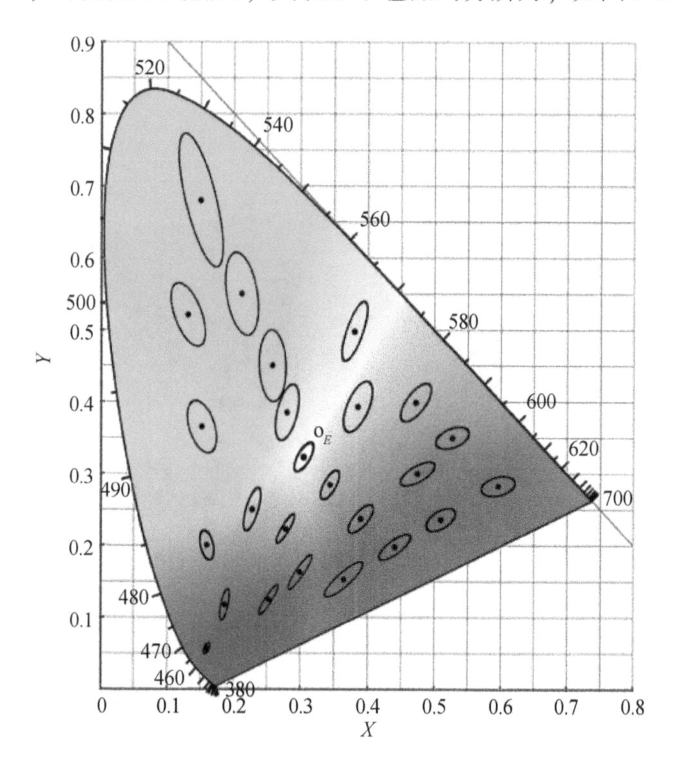

图 3-5　CIE 1931 *XYZ* 色度空间坐标麦克亚当椭圆

恰可辨识差别在 CIE 1931 色度空间中的分布是不均匀的，有很多人尝试将该坐标进行空间变换使得麦克亚当椭圆都变成均匀的圆形，但研究表明这是不可能的。

3.1.5 均匀空间

1. CIE 1960 色度空间（CIE 1960 UCS）

CIE1960 色度空间，又称 CIE 1960 UCS 均匀色度空间，是由戴维 · 麦克亚当于 1960 年为改进 CIE1931 色度空间的不均匀性而制定的，如图 3-6 所示。CIE 1960 UCS 的 u，v 色度坐标与 CIE 1931 的 x，y 色度坐标空间的关系如下：

$$\begin{cases} u=\dfrac{X}{X+15Y+3Z}=\dfrac{x}{-2x+12y+3} \\ v=\dfrac{6Y}{X+15Y+3Z}=\dfrac{6y}{-2x+12y+3} \\ x=\dfrac{3u}{2u-8v+4} \\ y=\dfrac{2v}{2u-8v+4} \end{cases} \tag{3-3}$$

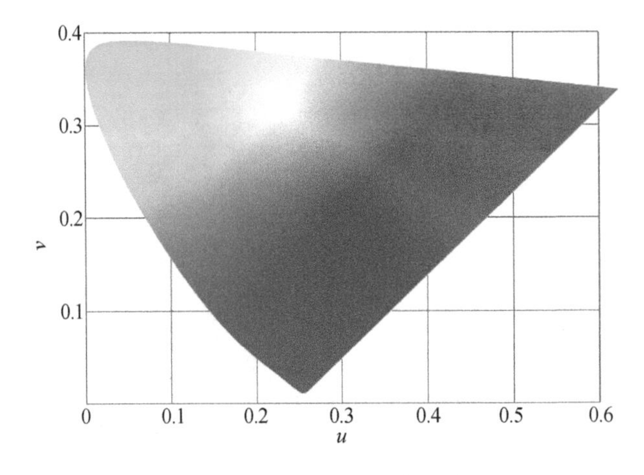

图 3-6　CIE1960 色度空间

经转换之后，色度图的均匀性得到了很大的提升，转换后的 CIE1960 色度空间主要用于计算色温。在此色度图的基础上加上明度坐标，则可以得到 CIE1964 *UVW* 颜色空间，其各指数由下列公式确定：

$$\begin{cases} U=\dfrac{2}{3}X \\ V=Y \\ W=\dfrac{1}{2}(-X+3Y+Z) \\ Z=\dfrac{1}{2}(3U-3V+2W) \end{cases} \tag{3-4}$$

2. CIE 1976 颜色空间（CIE LUV 和 CIE LAB）

CIE LUV 和 CIE LAB 在之前的色度空间基础上三维地表示出颜色的所有信

息，多出来的信息是发光体的明度信息。其对明度的规定是，当发光体的 Y 值为 100 时，明度值为 100。计算公式如下：

$$L^* = 116\left(\frac{Y}{Y_0}\right)^{\frac{1}{3}} - 16 \quad \frac{Y}{Y_0} > 0.008\ 856 \tag{3-5}$$

$$L^* = 903.25\left(\frac{Y}{Y_0}\right)^{\frac{1}{3}} \quad \frac{Y}{Y_0} > 0.008\ 856 \tag{3-6}$$

$$\begin{cases} u^* = 13L^*(u' - u'_0) \\ v^* = 13L^*(v' - v'_0) \end{cases} \tag{3-7}$$

式中，L^* 表示明度；u^* 和 v^* 表示色坐标。

$$\begin{cases} u' = \dfrac{4x}{-2x+12y+3} \\ v' = \dfrac{9y}{-2x+12y+3} \\ u'_0 = \dfrac{4X_0}{X_0+15Y_0+3Z_0} \\ v'_0 = \dfrac{9Y_0}{X_0+15Y_0+3Z_0} \end{cases} \tag{3-8}$$

x、y、z 表示光源的 CIE1931 色度坐标值，X_0、Y_0、Z_0 表示标准照明物体的相应 CIE1931 色度坐标值。

CIE LAB 色度空间目前广泛使用于所有光源和物色的测色标准空间，其计算公式如下：

$$L^* = 116\left(\frac{Y}{Y_0}\right)^{\frac{1}{3}} - 16 \quad \frac{Y}{Y_0} > 0.008\ 856 \tag{3-9}$$

$$L^* = 903.25\left(\frac{Y}{Y_0}\right)^{\frac{1}{3}} \quad \frac{Y}{Y_0} > 0.008\ 856 \tag{3-10}$$

$$\begin{cases} a^* = 500\left[f\left(\dfrac{X}{X_0}\right) - f\left(\dfrac{Y}{Y_0}\right)\right] \\ b^* = 200\left[f\left(\dfrac{Y}{Y_0}\right) - f\left(\dfrac{Z}{Z_0}\right)\right] \end{cases} \tag{3-11}$$

其中，

$$\begin{cases} f(x) = x^{\frac{1}{3}} - \dfrac{16}{116} x > 0.008\ 856 \\ f(x) = 7.87x - \dfrac{16}{116} x < 0.008\ 856 \end{cases} \tag{3-12}$$

两个颜色之间的色差

$$\Delta E_{ab}^{*}=\sqrt{(\Delta L^{*})^{2}+(\Delta a^{*})^{2}+(\Delta b^{*})^{2}} \tag{3-13}$$

某一光源色或者物体色的色度和饱和度可用色调角 h_{ab} 和色彩度 C_{ab}^{*} 表示，计算公式如下：

$$\begin{cases} h_{ab}=\tan^{-1}\left(\dfrac{b^{*}}{a^{*}}\right) \\ C_{ab}^{*}=\sqrt{a^{*2}+b^{*2}} \end{cases} \tag{3-14}$$

3.1.6 色彩视觉

视锥细胞是人眼中的色彩视觉细胞，其辨识色彩的工作原理目前有两种，一个是杨·亥姆霍兹三色学说，另一个是赫林色彩对立四色学说，即互补学说。

1. 三色学说

三色学说的基础是红、绿、蓝三原色混合产生不同的色彩和明度。光线进入人眼后，三种锥细胞对某一混合光的应激性各不相同，导致含有的视色素具有不同的漂白程度，响应信号则被传递至中枢神经系统，信号混合则形成了色彩。

三色学对色盲现象的解释如下，即色盲是缺少了一种或一种以上的锥细胞，如红色色盲患者缺少红视锥细胞，故对红色没有辨识能力。三种色盲情况是可以单独存在的，但在大部分情况下，红色盲者同时也是绿色盲者。更为矛盾的是，理论上缺少一种锥细胞就无法产生白色的实感，但色盲患者也能有白色的感觉。

2. 互补学说

赫林的互补学说则认为视觉是由三组对立色相互影响而产生，这两组对立色分别为红-绿、黄-蓝和白-黑。假定锥细胞中存在三种色素，分别对应于三组对立色，红-绿色素、黄-蓝色素和白-黑色素，这三对色素均包括两种拮抗过程，即激发和抑制。当视觉细胞受到绿光刺激时，红-绿色素被激发起来，从而产生绿光感觉；红光抑制红-绿色素，产生红色感觉。同理，对于黄-蓝色素，蓝光起激发作用时，产生蓝色感觉，黄光起抑制作用时，产生黄色感觉；对于白-黑色素，黑暗起激发作用时，产生黑色感觉，白光起抑制作用时，产生白色感觉。所有颜色对于视觉都有明度的刺激，即只要有光刺激，白-黑视色素的活动都会受影响。如图 3-7 所示，红色虚线代表红-绿视色素的光谱代谢，蓝色虚线代表黄-蓝视色素的光谱代谢，黑色实线代表白-黑视色素的光谱代谢；其中大于 0 的部分表示白、黄、红光起激发作用，曲线中小于 0 的部分表示黑、蓝、绿光起激发作用。

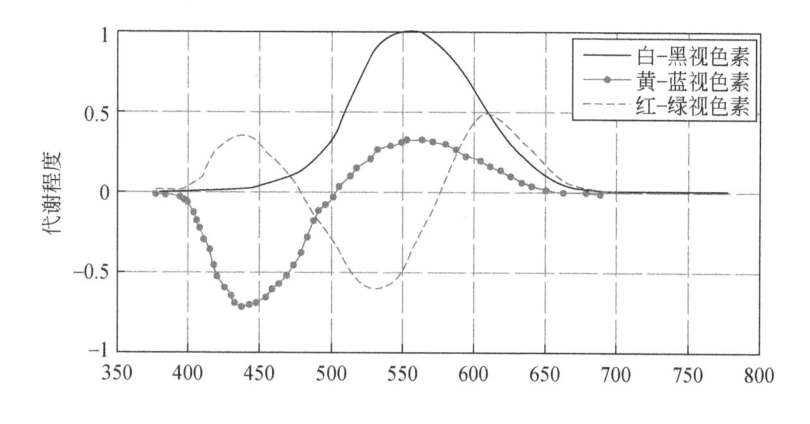

图 3-7　互补学说色素代谢函数

3. 阶段视觉理论

将三色学说和互补学说结合才能完善地解释视色觉。阶段理论即这样的一种模型，冯·凯斯最先提出阶段学说。

该理论认为颜色的视觉过程分为三个阶段：第一阶段是三种视锥细胞选择性地吸收不同波长的辐射光谱，同时每一种视细胞单独产生明度反应；第二阶段是视神经刺激在传输过程中经过三类不同的运算加减过程，产生了三种对立色反应，即红–绿，黄–蓝，白–黑；第三阶段则是复合后的神经刺激在视觉中枢部分又重新形成了颜色。

第二阶段如图 3-8 所示。

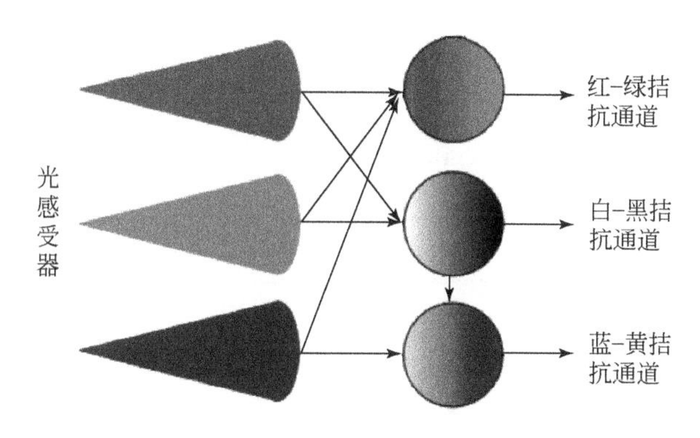

图 3-8　阶段理论示意图

3.2 照明光源

3.2.1 照明光源光学性能

由于照明效果是根据人眼来评定的，所以照明光源的光学特性应基于人眼视觉的光量参数来描述。照明光源光学性能包括光性能和色性能两部分，光性能涉及光通量、光强分布、发光效率等，色性能则包括色温和显色性等。另外，在照明环境中对人影响较大的眩光因素也是描述光源的重要指标。

1. 光通量

辐射体在单位时间内辐射的能量定义为辐射通量，是辐照单位（radiometric）。光通量为辐射能量和该波段的相对视见函数值的乘积值，故光通量是表征人眼感觉到的辐射功率的大小，属于光度单位（photometric）。

其表达式为

$$\phi = K\int_0^{\infty} \frac{\mathrm{d}\phi(\lambda)}{\mathrm{d}\lambda} \cdot V(\lambda)\,\mathrm{d}\lambda\phi \tag{3-15}$$

式中，光通量（ϕ）的单位是流明（lm）；K 为人眼的感光度，在明视觉条件下其数值为683.002 lm/W。λ 为波长（nm），$V(\lambda)$ 为人眼对各种不同波长的光的相对灵敏度，波长为555nm 时 $V(\lambda)$ 值最大，等于1。

人眼只对可见光有感知，故光通量的积分的波长范围也只限于可见光范围内。

2. 发光强度

光源在单位立体角 $\mathrm{d}\omega$ 内的光通量即为发光强度。

其表达式为

$$I=\frac{\mathrm{d}\phi}{\mathrm{d}\omega} \tag{3-16}$$

光强的单位是 cd，1cd=1 lm/sr。

相比于光通量，发光强度更容易被测定。光强分布在特征坐标系中的曲线图即为发光强度曲线。灯具的发光罩和透镜对光源的光强分布有影响，考虑了灯具因素在内测得的发光强度曲线即为配光曲线。

3. 发光效率

光源的辐射通量与输入功率的比值称为发光效率（luminous efficacy），单位

为 lm/W，其表达式为

$$\eta = \frac{\phi}{P} \tag{3-17}$$

式中，P 表示输入光源的电功率。对于人眼来说，只有可见光波段的光色会对发光效率有体现，红外光和紫外光的光谱对于发光效率并不造成影响。所以为了提高光源的发光效率的途径是让其更多的辐射落在可见光区域，特别是在 555 nm 附近。见表 3-1。

表 3-1　常见光源发光效率

光源	发光效率（lm/W）
白炽灯	8 ~ 14
单端荧光灯	55 ~ 80
自镇流荧光灯	50 ~ 70
高压钠灯	80 ~ 140
金卤灯	60 ~ 90
卤钨灯	15 ~ 20
LED	50 ~ 200

4. 色温

在照明领域，光源的光色常用色温来表示。当光源的光色与某一温度下黑体辐射光色相同时，黑体的这一温度即为该光源的颜色温度，简称色温（color temperature，CT），如图 3-9 所示。但有些光源，如气体放电光源，其光色不与任一黑体在某一温度下的辐射光色一致。这种情况下则采用相关色温（correlated color temperature，CCT）来表示该光源的光色。相关色温是指光源的光色与黑体在某一温度下辐射的光色最接近（在均匀色度图上的距离最小）时的黑体温度。

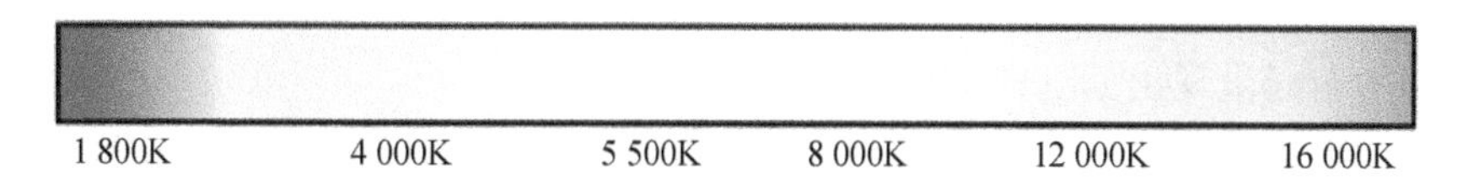

图 3-9　色温对应光谱颜色

在黑体辐射中，随着温度的变化，黑体呈现的颜色也会发生变化。温度越高，则光谱中对应的短波长成分越多，反之则长波长的成分越多。如图 3-10 所示。

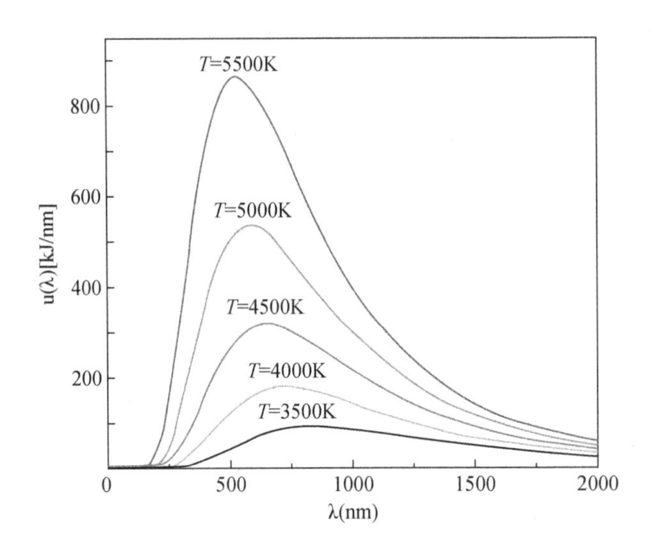

图 3-10　普朗克定律描述的黑体辐射在不同温度下的频谱

大多数光源的光色并不完全准确地对应于黑体在具体某一温度下所发出的光色，要选择与之最接近的黑体辐射光色的相关色温来表示其色温，见表 3-2。

表 3-2　常见光源的色温　　（单位：K）

光源	色温
正午阳光	5500
荧光灯	4000～5000（冷色）2500～3000（暖色）
高压钠灯	1950～2250
金卤灯	4000～4600
卤钨灯	2700～3300

不同色温的光色对人的生理和心理都有一定的效应。一般而言，色温大于 5000K 的光色呈现为偏蓝的白色，给人清凉的感觉，故称为冷色光；色温小于 3300K 的白光呈现出偏红的颜色，给人温暖的感觉，故称为暖色光；色温介于这两者之间的光色呈现为正白色，给人爽快的感觉。由此为依据，可以在不同的场所来选择不同色温的光源。例如，餐厅选择以红黄为主的光色，可以增加食欲。

5. 显色性

不同的光照射在同一物体上，会呈现出不同的物色，这表示了光源的显色性。显色性常用显色指数（color rendering index，CRI）表示，显色指数越高，显色性越好。表 3-3 列出了常见光源的显色性。显色性是光源的光照射到物体上产生的客观效果。显色性好的光源是指物体受照射的颜色和标准光源照射时一样。

表 3-3　常见光源的显色性

光源	显色性
白炽灯	99 ~ 100
冷白荧光灯	60 ~ 70
三基色荧光灯	80 ~ 90
高压钠灯	24
金卤灯	65 ~ 90
卤钨灯	95 ~ 100

6. 眩光

眩光（glare）是影响照明质量的主要因素之一，它的产生的原因有很多种，但都与光源的位置和亮度有关，如高亮度光源的直射和反射、强烈的明暗对比等。在日常生活中，设计或者安装不合理的灯具都可能成为眩光光源。国际照明学会（CIE）将眩光定义为不舒适眩光和失能眩光两种，其区别在于随着时间的推移，不舒适眩光会加重人眼的不舒适度但不降低能见度，而失能性眩光则会降低能见度。由此可见，不舒适眩光仅仅是一种心理现象，而且其对生理的影响作用因人而异。当晶状体把物像聚焦在视网膜的同时，光源发出的光线也进入了眼球，一部分光线会在眼球内散射并分布于视网膜上，便在视场内形成了一层不均匀的光幕，这层光幕便降低了能见度，失能眩光因此形成。

眩光对人的生理和心理都有影响。例如，夜晚马路上迎面照射的汽车车头灯，强烈的灯光会使驾驶员的视线受到干扰，在此情况下驾驶员就需要佩戴偏振片眼镜控制进入眼睛的光线亮度。如果长时间处在有眩光的照明环境中将使人感到视觉疲劳、视线模糊，因此需要采用一些方法来控制眩光。在视野范围，一般在水平向上 30°以内应避免出现强光，同时需要在灯具开口处使用玻璃罩包合光线或使用格栅增加透射或者反射，减小二次眩光。

3.2.2　照明光源其他特性

照明光源除了需要了解其光学特性参数外，还需要了解其电学特性参数。不同种类的光源具有不同的电学特性，主要包括输入功率、工作电压、消耗功率等。同时，热学特性也是评价光源性能的指标之一。随着温度的变化，光源的光色、亮度等参数也会有相应的改变。

光源的寿命同样也是评价光源性能的重要指标之一。光源的寿命可分为全寿命、平均额定寿命和有效寿命。全寿命是指光源从开始工作到不能工作为止所用的时间。有效寿命是根据光源的发光性能来定义，即当光源从点燃到发出的光下降到其初始值的 80% 时所经历的时长。平均额定寿命是指在大样本测试的情况下，有一半的光源已经不能工作所用的时间。

3.3 光源光色性能评价模型

在应用领域，如何去表征光源的光色特性莫衷一是，但通常用色温和显色性能作为主要依据。色温即光源光色与标准白光光色的相似程度，而显色性则体现为光源对物体色貌的显色还原能力（金伟其，2006）。由于现代照明对光源的使用场景和功能越来越细化，仅凭色温和显色性还不能完全涵盖人们对光源光色性能的认知和选择依据，需要有更多的具有针对性的评价模型来扩充现代照明下光源光色评估体系。

3.3.1 显色指数

光源的显色性是指光源对物体颜色的还原显现的程度。光源的显色性能越好，人眼在其照明下看到的物品的颜色就越接近其自然光下的颜色。

1965 年 CIE 制定了一种评价光源显色性的方法——“测验色”法，1974 年经过修订之后正式在国际范围内推广使用。这个方法总结出了一个用于表征光源的显色性的数值，称为显色指数（CRI）。具体来说，显色指数是用于表征待测光源下物体颜色与标准光源下物体颜色的相符程度。CIE 规定用普朗克辐射体（CCT<5000K）或标准照明体 D65（CCT≥5000K）作为参照的标准光源，并规定标准光源的显色指数为 100。“测验色”法中选取的颜色样品共有 14 个，包括 8 个中等饱和色样品、4 个饱和色样品、西方人肤色和树叶颜色。

对于半导体光源来说，其带宽较窄，一方面与自然光光谱功率分布相差较大，在部分波段会存在光谱缺失；另一方面，不能极大程度上地涵盖传统的显色性评价体系的测验色法所选取的标准色样的颜色，因此对部分标准色的显色还原效果会非常差，会导致显色指数整体都受到极大的影响。所以显色指数不能作为评价光源光色性能的单一指标。CIE 在对一系列光源进行对比之后，发表了技术报告说明：CIE 的 CRI 不适用于表示白光 LED 光源的显色性能（罗华杰，2012）。

但作为光色评价指标中极其重要的度量，还是有必要对显色指数的计算进行一定的了解。其计算流程如下。

当被测光源的色温低于 5000K 时，选择相同色温下的绝对黑体作为参照光源，其光谱功率分布即可用普朗克黑体辐射函数来表示。

$$S_{ref}(\lambda) = c_1 \cdot \lambda^{-5} \cdot (e^{\frac{c_2}{\lambda T}} - 1)^{-1} \tag{3-18}$$

式中，常数项 $c_1 = 3.7418 \times 10^{-16} W \cdot m^2$；$c_2 = 1.4388 \times 10^{-2} m \cdot K$，这两个常数项分别对应第一辐射常数和第二辐射常数。

当被测光源的色温高于或等于 5000K 时，则选择 CIE 规定的一组自然光作为参照光源：

$$S_{ref}(\lambda) = S_0(\lambda) + M_1 S_1(\lambda) + M_2 S_2(\lambda) \tag{3-19}$$

M_1 和 M_2 是与被测光源色坐标相关的量：

$$\begin{cases} M_1 = \dfrac{-1.3515 - 1.7703 \cdot x_D + 5.9114 \cdot y_D}{0.0241 + 0.2562 \cdot x_D - 0.7341 \cdot y_D} \\ M_2 = \dfrac{0.0300 - 31.4424 \cdot x_D + 30.0717 \cdot y_D}{0.0241 + 0.2562 \cdot x_D - 0.7341 \cdot y_D} \end{cases} \tag{3-20}$$

（x_D，y_D）是该组自然光对应的色坐标，是与色温 T 相关的函数：

$$\begin{cases} x_D = \begin{cases} \dfrac{-4.6070 \times 10^9}{T^3} + \dfrac{2.9678 \times 10^6}{T^2} + \dfrac{0.099\,11 \times 10^3}{T} + 0.244\,063, \\ (4000K \leqslant T \leqslant 7000K) \\ \dfrac{-2.0064 \times 10^9}{T^3} + \dfrac{1.9018 \times 10^6}{T^2} + \dfrac{0.247\,48 \times 10^3}{T} + 0.237\,040, \\ (7000K \leqslant T \leqslant 25\,000K) \end{cases} \\ y_D = -3.000 x_D^2 + 2.870 x_D - 0.275 \end{cases} \tag{3-21}$$

在 3.2 节中计算各单色光比例过程中，求得了光源三刺激值，在此基础之上，将色品坐标转换至 CIE1960UCS 均匀色度坐标：

$$\begin{cases} u = \dfrac{4X}{X + 15Y + 3Z} \\ v = \dfrac{6Y}{X + 15Y + 3Z} \end{cases} \tag{3-22}$$

计算显色指数使用了共计 14 种孟塞尔标准颜色样品，但一般显色指数 Ra 只使用前 8 种样品的显色指数进行平均取值。这 14 种颜色样品的光谱反射系数如

图 3-11 中所示。

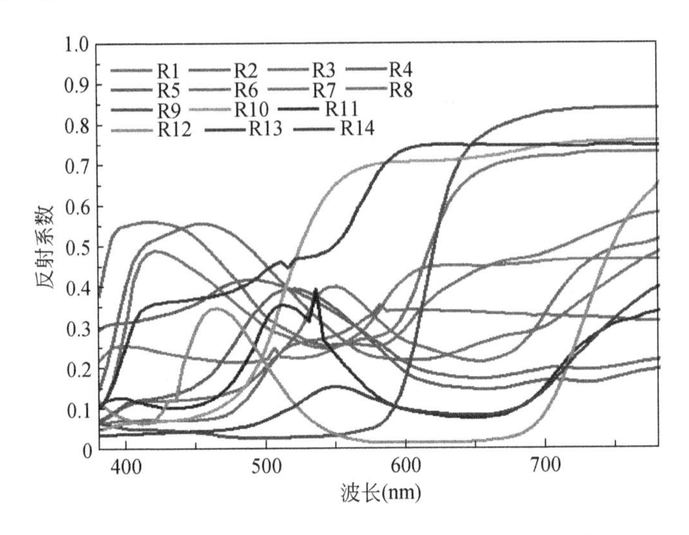

图 3-11　CRI 系统内 1 ~ 14 号样品的光谱反射系数

孟塞尔颜色样品在待测光源下的均匀色度坐标计算公式如下：

$$\begin{cases} X_{t,\ i} = k \int\limits_{\lambda=390}^{730} \beta_i(\lambda) S(\lambda) \bar{x}(\lambda) d\lambda \\ Y_{t,\ i} = k \int\limits_{\lambda=390}^{730} \beta_i(\lambda) S(\lambda) \bar{y}(\lambda) d\lambda \\ Z_{t,\ i} = k \int\limits_{\lambda=390}^{730} \beta_i(\lambda) S(\lambda) \bar{z}(\lambda) d\lambda \end{cases} \tag{3-23}$$

$$\begin{cases} u_{t,i} = \dfrac{4X_{t,i}}{X_{t,i}+15Y_{t,i}+3Z_{t,i}} \\ v_{t,i} = \dfrac{6Y_{t,i}}{X_{t,i}+15Y_{t,i}+3Z_{t,i}} \end{cases} \tag{3-24}$$

由于待测光源和对应色温下参照照明体不完全相同，而使视觉在不同的照明下受到颜色适应的影响。为了处理两种照明下的色适应，应该将待测光源的色度坐标调整为参照照明体的色度坐标：

$$
\begin{cases}
u'_{t,i}=\dfrac{10.872+0.404\dfrac{cr}{ct}ct,\ i-4\dfrac{dr}{dt}dt,\ i}{16.518+1.481\dfrac{cr}{ct}ct,\ i-\dfrac{dr}{dt}dt,\ i} \\
v'_{t,i}=\dfrac{5.520}{16.518+1.481\dfrac{cr}{ct}ct,\ i-\dfrac{dr}{dt}dt,\ i}
\end{cases}
\tag{3-25}
$$

其中，

$$
\begin{cases}
c=\dfrac{(4-u-10v)}{v} \\
d=\dfrac{(0.404-1.481u+1.708v)}{v}
\end{cases}
\tag{3-26}
$$

利用空间坐标转换公式计算待测光源和参照照明体下孟塞尔颜色样品在CIE1964WUV 均匀颜色空间的色品坐标：

$$
\begin{cases}
U^*_{r,i}=13W^{\frac{1}{3}}_{r,i}(u_{r,i}-u_r) \\
V^*_{r,i}=13W^{\frac{1}{3}}_{r,i}(v_{r,i}-v_r) \\
W^*_{r,i}=25Y^{\frac{1}{3}}_{r,i}-17
\end{cases}
\tag{3-27}
$$

$$
\begin{cases}
U^*_{t,i}=13W^{\frac{1}{3}}_{t,i}(u_{t,i}-u_t) \\
V^*_{t,i}=13W^{\frac{1}{3}}_{t,i}(v_{t,i}-v_t) \\
W^*_{t,i}=25Y^{\frac{1}{3}}_{t,i}-17
\end{cases}
\tag{3-28}
$$

计算颜色样品在待测光源和标准光源下的色差：

$$
\Delta E_i=\sqrt{(U^*_{r,i}-U^*_{t,i})^2+(V^*_{r,i}-V^*_{t,i})^2+(W^*_{r,i}-W^*_{t,i})^2}
\tag{3-29}
$$

由色差计算各样品的特殊显色指数和一般显色指数：

$$
R_i = 100 - 4.6\Delta E_i
$$
$$
R_a = \frac{1}{8}\sum_{i=1}^{8} R_i
\tag{3-30}
$$

3.3.2 色品质数

色品质数（color quality scale，CQS）是美国国家标准技术研究院（National Institute of Science and Technology，NIST）提出的，虽然该方法的基本原理也是利用测色法，但该体系选取了 15 种色饱和度更高的颜色样品。与 CRI 体系还存在较大差异的是，CQS 体系在计算色度位移时，选取的是 CIE LAB 均匀色度空间，这就使不同颜色样品的色差权重变得一致。在色适应调整方面，采用新的色适应转换方程（color measurement committee's chromatic adaption transform of 2000，CMCCAT2000）。最终计算 15 个样品特殊色品质数的均方根作为一般色品质数。

在计算得出 15 种颜色样品的三刺激值的基础之上，再对其进行色适应调整，先将参照光源、标准光源、15 种颜色样品在标准光源和待测光源下的三刺激值均转换为 R、G、B 值：

$$\begin{pmatrix} R \\ G \\ B \end{pmatrix} = M \begin{pmatrix} X \\ Y \\ Z \end{pmatrix} \tag{3-31}$$

其中，

$$M = \begin{bmatrix} 0.7982 & 0.3389 & -0.1371 \\ -0.5918 & 1.5512 & 0.0406 \\ 0.0008 & 0.0239 & 0.9753 \end{bmatrix} \tag{3-32}$$

计算各颜色样品在待测光源下的相对 R、G、B 值：

$$\begin{cases} R' = \dfrac{\dfrac{R_{\text{ref}}}{R_{\text{test}}}}{\dfrac{Y_{\text{ref}}}{Y_{\text{test}}}} R \\ G' = \dfrac{\dfrac{G_{\text{ref}}}{G_{\text{test}}}}{\dfrac{Y_{\text{ref}}}{Y_{\text{test}}}} G \\ B' = \dfrac{\dfrac{B_{\text{ref}}}{B_{\text{test}}}}{\dfrac{Y_{\text{ref}}}{Y_{\text{test}}}} B \end{cases} \tag{3-33}$$

再经一次转换，将 RGB 值转换成为相对三刺激值：

$$\begin{pmatrix} X' \\ Y' \\ Z' \end{pmatrix} = M^{-1} \begin{pmatrix} R' \\ G' \\ B' \end{pmatrix} \tag{3-34}$$

其中，

$$M^{-1} = \begin{bmatrix} 1.076\,450 & -0.237\,662 & 0.161\,212 \\ 0.410\,964 & 0.554\,342 & 0.034\,694 \\ -0.010\,954 & -0.013\,389 & 1.024\,343 \end{bmatrix} \tag{3-35}$$

将待测光源和标准光源下的样品相对三刺激值转换成 CIE1964LAB 色度坐

标中：

$$
\begin{cases}
L_{i,\mathrm{ref}}^{*}=116 \cdot \left(\dfrac{Y_{i,\mathrm{ref}}}{Y_{\mathrm{ref}}}\right)^{\frac{1}{3}}-16 \\
a_{i,\mathrm{ref}}^{*}=500 \cdot \left[\left(\dfrac{X_{i,\mathrm{ref}}}{X_{\mathrm{ref}}}\right)^{\frac{1}{3}}-\left(\dfrac{Y_{i,\mathrm{ref}}}{Y_{\mathrm{ref}}}\right)^{\frac{1}{3}}\right] \\
b_{i,\mathrm{ref}}^{*}=500 \cdot \left[\left(\dfrac{Y_{i,\mathrm{ref}}}{Y_{\mathrm{ref}}}\right)^{\frac{1}{3}}-\left(\dfrac{Z_{i,\mathrm{ref}}}{Z_{\mathrm{ref}}}\right)^{\frac{1}{3}}\right]
\end{cases} \tag{3-36}
$$

$$
\begin{cases}
L_{i,\mathrm{test}}^{*}=116 \cdot \left(\dfrac{Y'_{i,\mathrm{test}}}{Y_{d,\mathrm{test}}}\right)^{\frac{1}{3}}-16 \\
a_{i,\mathrm{test}}^{*}=500 \cdot \left[\left(\dfrac{X'_{i,\mathrm{test}}}{X_{\mathrm{test}}}\right)^{\frac{1}{3}}-\left(\dfrac{Y'_{i,\mathrm{test}}}{Y_{\mathrm{test}}}\right)^{\frac{1}{3}}\right] \\
b_{i,\mathrm{test}}^{*}=500 \cdot \left[\left(\dfrac{Y'_{i,\mathrm{test}}}{Y_{\mathrm{test}}}\right)^{\frac{1}{3}}-\left(\dfrac{Z'_{i,\mathrm{test}}}{Z_{\mathrm{test}}}\right)^{\frac{1}{3}}\right]
\end{cases} \tag{3-37}
$$

计算颜色样品在待测光源和标准光源下的色差和饱和度差，进行对比修正。

色差计算公式：

$$
\Delta c_{i}^{*}=\sqrt{(a_{i,\mathrm{test}}^{*})^{2}+(b_{i,\mathrm{test}}^{*})^{2}}-\sqrt{(a_{i,\mathrm{ref}}^{*})^{2}+(b_{i,\mathrm{ref}}^{*})^{2}} \tag{3-38}
$$

饱和度差计算公式：

$$
\Delta E_{i}^{*}=\sqrt{(L_{i,\mathrm{test}}^{*}-L_{i,\mathrm{ref}}^{*})^{2}+(a_{i,\mathrm{test}}^{*}-a_{i,\mathrm{ref}}^{*})^{2}+(b_{i,\mathrm{test}}^{*}-b_{i,\mathrm{ref}}^{*})^{2}} \tag{3-39}
$$

标准色差由色差和饱和度差决定：

$$
\Delta E_{i,\mathrm{sat}}^{*}=\begin{cases}
\Delta E_{i}^{*} & \Delta c_{i}^{*} \leqslant 0 \\
\sqrt{(\Delta E_{i}^{*})^{2}+(\Delta c_{i}^{*})^{2}} & \Delta c_{i}^{*}>0
\end{cases} \tag{3-40}
$$

由标准色差求得最终的色品质数：

$$
Q_{\mathrm{a}}=M_{\mathrm{CCT}} 10 \ln \left\{\exp \left[10-0.31 \sqrt{\frac{1}{15} \sum_{i=1}^{15}(\Delta E_{i,\mathrm{sat}}^{*})^{2}}\right]+1\right\} \tag{3-41}
$$

式中，M_{CCT}是与色温相关的修正因子：

$$
M_{\mathrm{CCT}}=\begin{cases}
\Delta E_{i}^{*} & \Delta c_{i}^{*} \leqslant 0 \\
\sqrt{(\Delta E_{i}^{*})^{2}+(\Delta c_{i}^{*})^{2}} & \Delta c_{i}^{*}>0
\end{cases} \tag{3-42}
$$

3.3.3 色域指数

色域指数（gamut area scale，GAS）是从计算色品质数时产生的中间体进行运算处理得到的。15 个孟塞尔颜色样品在光源下显色之后在 CIELAB 色度空间所围成的色域面积，除以相应色温下的标准光源所构成的色域面积，即成为色域指数 Q_g。

色域指数越大，则表明光源可以使颜色样品在色度空间内的分布更加延展，因此可以增加相似的颜色的视见差异。

光源下 15 个孟塞尔颜色样品在 CIELAB 色度坐标上形成 15 个点，相邻的两个点与坐标原点围成一个三角形，15 个三角形的面积构成了该光源形成的色域面积。

在已经求得颜色样品在参考光源和待测光源下的 CIELAB 色度空间内（L，a，b）坐标的前提下，计算方法如下：

$$\begin{cases} A_{i,\mathrm{ref}}=\left[\left(a_{i,\mathrm{ref}}^{*}\right)^{2}+\left(b_{i,\mathrm{ref}}^{*}\right)^{2}\right]^{\frac{1}{2}} \\ B_{i,\mathrm{ref}}=\left[\left(a_{i+1,\mathrm{ref}}^{*}\right)^{2}+\left(b_{i+1,\mathrm{ref}}^{*}\right)^{2}\right]^{\frac{1}{2}} \\ C_{i,\mathrm{ref}}=\left[\left(a_{i+1,\mathrm{ref}}^{*}-a_{i,\mathrm{ref}}^{*}\right)^{2}+\left(b_{i+1,\mathrm{ref}}^{*}-b_{i,\mathrm{ref}}^{*}\right)^{2}\right]^{\frac{1}{2}} \end{cases} \tag{3-43}$$

$$\begin{cases} A_{i,\mathrm{test}}=\left[\left(a_{i,\mathrm{test}}^{*}\right)^{2}+\left(b_{i,\mathrm{test}}^{*}\right)^{2}\right]^{\frac{1}{2}} \\ B_{i,\mathrm{test}}=\left[\left(a_{i+1,\mathrm{test}}^{*}\right)^{2}+\left(b_{i+1,\mathrm{test}}^{*}\right)^{2}\right]^{\frac{1}{2}} \\ C_{i,\mathrm{test}}=\left[\left(a_{i+1,\mathrm{test}}^{*}-a_{i,\mathrm{test}}^{*}\right)^{2}+\left(b_{i+1,\mathrm{test}}^{*}-b_{i,\mathrm{test}}^{*}\right)^{2}\right]^{\frac{1}{2}} \end{cases} \tag{3-44}$$

i 取值从 1 到 15，当 $i=15$，令 $i+1$ 为 1。

$$\begin{aligned} t_i &= \frac{A_i+B_i+C_i}{2} \\ S_i &= \left[t_i(t_i-A_i)(t_i-B_i)(t_i-C_i)\right]^{\frac{1}{2}} \\ G &= \sum_{i=1}^{15} S_i \\ Q_g &= \frac{G_{\mathrm{test}}}{G_{\mathrm{ref}}} \end{aligned} \tag{3-45}$$

3.3.4 色分辨指数

以上几种光色性能评价方法都是采用了参照光源与待测光源具有相同色温的方法，但色分辨指数（color discrimination index，I_{CDI}）与这几种评价方法的不相同之处在于，色分辨指数采用标准照明体 C 作为参考光源。但是与之前的几种光色性能评价方法相似的是，色分辨指数也采用了“试验色”法，显色指数系统中前 8 个中等饱和颜色样品在 CIE1976LUV 均匀色度空间中所构成的色域面积，与在待测光源与标准照明体 C 下的色域面积之比，即为该待测光源的色分辨指数。

计算方法如下：

$$\begin{cases} U_{i,\mathrm{ref}}=\left[\left(u_{i,\mathrm{ref}}^{*}\right)^{2}+\left(v_{i,\mathrm{ref}}^{*}\right)^{2}\right]^{\frac{1}{2}} \\ V_{i,\mathrm{ref}}=\left[\left(u_{i+1,\mathrm{ref}}^{*}\right)^{2}+\left(v_{i+1,\mathrm{ref}}^{*}\right)^{2}\right]^{\frac{1}{2}} \\ W_{i,\mathrm{ref}}=\left[\left(u_{i+1,\mathrm{ref}}^{*}-u_{i,\mathrm{ref}}^{*}\right)^{2}+\left(v_{i+1,\mathrm{ref}}^{*}-v_{i,\mathrm{ref}}^{*}\right)^{2}\right]^{\frac{1}{2}} \end{cases} \tag{3-46}$$

$$\begin{cases} U_{i,\mathrm{test}}=\left[\left(u_{i,\mathrm{test}}^{*}\right)^{2}+\left(v_{i,\mathrm{test}}^{*}\right)^{2}\right]^{\frac{1}{2}} \\ V_{i,\mathrm{test}}=\left[\left(u_{i+1,\mathrm{test}}^{*}\right)^{2}+\left(v_{i+1,\mathrm{test}}^{*}\right)^{2}\right]^{\frac{1}{2}} \\ W_{i,\mathrm{test}}=\left[\left(u_{i+1,\mathrm{test}}^{*}-u_{i,\mathrm{test}}^{*}\right)^{2}+\left(v_{i+1,\mathrm{test}}^{*}-v_{i,\mathrm{test}}^{*}\right)^{2}\right]^{\frac{1}{2}} \end{cases} \tag{3-47}$$

i 取值从 1 到 8，当 $i=8$，令 $i+1$ 为 1。

$$\begin{aligned} k_i &= \frac{U_i+V_i+W_i}{2} \\ D_i &= \left[k_i(k_i-U_i)(k_i-V_i)(k_i-W_i)\right]^{\frac{1}{2}} \\ S &= \sum_{i=1}^{15} D_i \\ I_{\mathrm{CDI}} &= \frac{S_{\mathrm{test}}}{S_{\mathrm{ref}}}=29.85\times S_{\mathrm{test}} \end{aligned} \tag{3-48}$$

3.3.5 锥细胞灵敏度差异指数

视网膜中央凹区域分布着的锥细胞是 L 锥细胞和 M 锥细胞，在第 2 章中分析的色觉形成通道理论中，仅凭 M 锥细胞和 L 锥细胞即可以独立地形成红–绿通道。如图 3-12 所示，由于 M 锥细胞和 L 锥细胞的光谱灵敏度可以覆盖整个可见光区域，对各个波长的光子都会形成响应，因此，M 锥细胞和 L 锥细胞的光谱敏感度从整体看来对人眼的色觉信号有着至关重要的主导作用。所以我们试图利用 M 锥细胞和 L 锥细胞的光谱灵敏度差异来描述人眼色分辨能力。

首先，计算 M 锥细胞和 L 锥细胞的光谱灵敏度的差值，由于目前得到的锥细胞光谱灵敏度分布都是相对值分布，为排除细胞数量和灵敏度绝对值的影响，采用对数坐标下的 M 锥细胞和 L 锥细胞光谱灵敏度差异来表征锥细胞灵敏度差异指数（cone sensitivity difference index，I_{csd}）（Jiang，2015）。

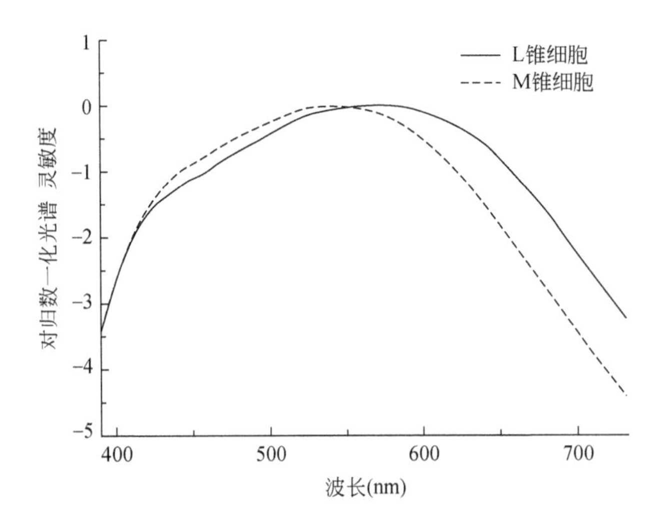

图 3-12 对数分布的 M 锥细胞、L 锥细胞光谱灵敏度及其差值

计算公式如下：

$$I_{\mathrm{csd}}=\frac{\int_{\lambda=390}^{730}\left|\lg M(\lambda)-\lg L(\lambda)\right|S(\lambda)\cdot d\lambda}{\int_{\lambda=390}^{730}S(\lambda)d\lambda} \tag{3-49}$$

3.4 人性化照明

随着社会进步，人类从最原始的火光照明逐渐演化到现今更为纷繁复杂的电力照明。而为追求环境与照明的协调，在讲究效果之时更注重效率，“绿色照明”的理念应运而生。传统的绿色照明的内涵是节能和环保，但随着对照明人性化要求的提高，“绿色”也更多了一层注重人性的光彩。

光线给人们提供亮度和色彩，这两种因素会影响人们的心理和生理感觉，从而对人的各方面产生潜在的影响。讲究照明环境中人的心理和生理健康，即人性化的照明，近几年才得以重视，显得有点本末倒置。何为人性化照明，用一个比较入流的词形容，便是“以人为本”的照明。传统灯具所发出的光色，多为固定颜色或固定色温，人们只能被动地接受光照。不当的光照会对人的心理和生理产生负面作用，进而影响工作效率和生活质量。如在休息的时候，照明仍是用白色荧光灯，会使人的精神难以放松。公共场所的照明同样也需要进行人性化修正，如博物馆中，根据展品内容安排照灯光色，会起到画龙点睛的作用。

怎样才能做到人性化照明呢？总而言之，人有充分的主动权来决定灯具发光的色温或者颜色使其符合人的生理心理需求。当注意力涣散时，冷白光可以使人的注意力集中；而当精神紧张时，暖色光可以使人相对放松一些。看书时使用白光可以保证眼睛舒适度和阅读效率，而就餐环境中的适量黄色光会令人感到舒适，心情好自然胃口也好。

除了在不同的场景中需要采用人性化照明外，既是在同一场景的不同时段，也需要考虑照明光色的改变。这是由于在漫长的进化过程中，人体已经习惯于一天中自然光色的变化，太阳光的多变性决定了视觉对生理调节的作用。

清晨第一缕的阳光告知人们新的一天已经开始，当头的白光则伴随人们进行各种日常生产、学习和生活，傍晚暗红色的余晖提醒人们已到休息的时间。在一天当中若能对人工光源进行实时调控，使其能够模拟自然光，那么在表观上即达到了人性化照明的目的。取人的两段困倦时段，午后和夜间作为分析实例。正常而言，前者是需要施加积极因子使得人体的精神状态得以提升，而后者则需要加以抑制因子使得睡眠更加安稳。夜间若使用明亮的白光或者偏蓝色的光线，会抑制褪黑素（传说中的脑白金，具有促进睡眠、调节时差、抗衰老、调节免疫等多项生理功能）的分泌，从而扰乱人们的生物钟，所以夜间照明要尽量避免使用这两种光色。而在午后，则可以利用明亮的自然光来阻止睡意。但自然光不是随时都可以得到，可用与自然光相似的高色温光线来代替。

对于人性化照明如何实现，关键就是多色光调配和智能光调控。

一般照明使用的多色 LED 由四种单色光组成，能够根据不同的光色配搭形成淡黄、金、白、青白、微红和暖白等照明效果。更精细及标准化的多色 LED 则由十二种颜色的特殊用途 LED 组成，能够发出与 CIE 标准光源相同的光功率谱。

如何根据时间调节光色，可以在电路中设计计时模块，让驱动电路随着时间的变化而对应驱动不同的单色光的种类和强度使得配光达到最人性值。同时，也有必要加入手动调制模块，以结合人的具体感觉给其主动性来选择较为适应的照明模式。更为智能的照明，即可以根据人的肢体语言、表情神态来判定人的生理和心理状态，对应地给予最佳照明。

思 考 题

1. 人眼在明亮的户外对那个波长的光谱最敏感？
2. 如何评价光源对颜色的表现力？
3. 如何利用光谱调节人的生理周期？
4. 光源的色温与显色性是否有一定的关系？

5. 光源的色温对人生理的影响是怎样的？由此可以应用于哪些领域？

参 考 文 献

车念曾．1990. 辐射度学和光度学．北京：北京理工大学出版社．

金伟其．2006. 辐射度、光度与色度及其测量．北京：北京理工大学出版社．

罗华杰．2012. 白光发光二极管（LED）的光色特性研究．北京：北京大学硕士学位论文．

庞蕴凡．1993. 视觉与照明．北京：中国铁道出版社．

杨公侠，等．1985. 视觉与视觉环境．上海：同济大学出版社．

周太明，等．2015. 照明设计——从传统光源到 LED. 上海：复旦大学出版社．

Billmeyer，Saltzman. 2008. Principles of Color Technology（3rd Edition）. New York：Wiley- Inter science.

Fairman H S，Brill M H，Henry H. 1997. How the CIE 1931 Color- Matching Functions Were Derived from the Wright- Guild Data. Color Research and Application. 22（1）：1-23.

Hartmann E. 1962. Disability Glare and Discomfort Glare//Ingelstam E. Lighting Problems in Highway Traffic. New York：MacMillan.

Ingling C R，Tsou B H. 1997. Orthogonal combination of the three visual channels. Vision Research，17（9）：1075-1082.

Jiang L，Jin P，Lei P. 2015. Color discrimination metric based on cone cell sensitivity. Optics Express，23（11）：741-751.

Lewis D，Adam M. 1942. Visual sensitivities to color differences in daylight. JOSA，32：247-274.

Schuber E F. 2006. Light- Emitting Diodes（Second Edition）. Cambridge：Cambridge University Press.

Schuh M. 2008. The Sense of Sight. Minneapolis：Bellwether Media.

Wysezecki G，Stiles W S. 2000. Color Science：concepts and methods，quantitative data and formulae.（2nd Edition）. New yok：John Wiley and Sons.

第4章 LED与固态照明

4.1 LED封装与光效历程

20世纪90年代，日本科学家赤崎勇、天野浩和中村修二在蓝光LED技术方面取得了很大突破，此后LED器件技术快速发展，并且在显示领域应用广泛（刘木清，2015）。LED封装是针对发光芯片的封装，目的是对芯片和正负两个电极进行保护，同时有输出电信号和可见光的功能。所以LED的封装既有电参数又有光参数的设计及技术要求。LED封装技术主要是从出光效率、光色性能和可靠性这三方面来评价的（谭巧等，2012）。从20世纪60年代开始，LED的封装形态发生了多次的演变。从60年代的玻壳封装，到70年代的采用环氧树脂的插脚式封装，到90年代中后期的四脚食人鱼封装、贴片式封装、瓦级大功率封装（Zhang Yu，et al.，2011），再发展到21世纪的芯片集成式COB封装、晶圆级封装、无封装芯片等。

随着半导体照明应用的不断深入，LED器件的形态变化不仅体现在单个封装的光通量上，在封装结构、材料、配光和光效等方面也发生了质的变化（Preuss，et al.，2006），如图4-1所示。其发展动力是在满足日益广泛的应用需求的基础上，提高单位器件光源光效、降低单位流明（lm）成本。

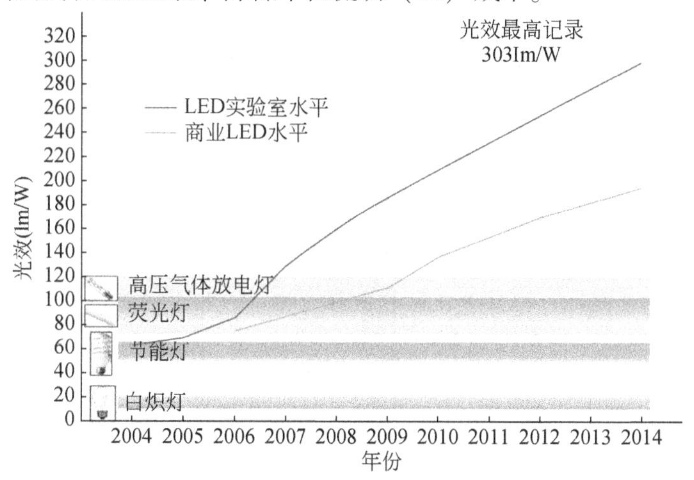

图4-1 LED光效提升历程

4.2　LED 在显示领域应用

LED 作为固态照明光源，除了具有传统光源所不具备的快速响应、节能、抗震、抗冲击、低压驱动等优点外，其光谱宽，而且可以根据需要调整外延片生长工艺以获得不同波长宽的光谱，从而进一步延伸了其应用领域。作为第三代人造光源和固态发光体，对于 LED 应用领域，简而言之：在没有太阳的夜晚，除了星星和月亮外，LED 几乎可以替代所有发光光源。以下介绍目前几种比较典型的 LED 应用（方志烈，2003）。

4.2.1　LED 指示光源

1962 年，通用电气公司（GE）的尼克·何伦亚克（Nick Holonyak Jr）开发出第一款实际应用的可见光波段的发光二极管（其发红光）。它的基本结构是一块电致发光的半导体材料，该材料置于一个有引线的架子上，然后四周用环氧树脂密封，外形结构与图 4-2 中的直插式 LED 类似。

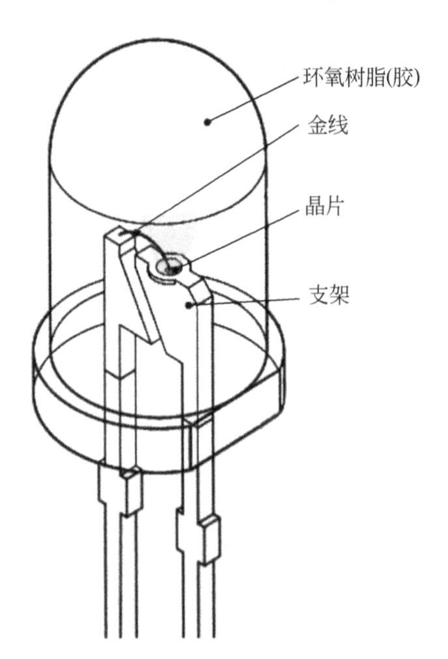

图 4-2　直插式 LED 基本结构示意图

LED 发展的初期，由于亮度光效低、颜色单一，最早达到工业级应用，主要应用于各类电子产品指示灯，如图 4-3 中的路由器。随着各类颜色 LED 的相继问世，LED 在指示和标识领域得到了大范围的应用。目前，几乎所有机器电子设备的指示光源全部采用 LED 光源。

图 4-3　通信设备中的 LED 指示灯

4.2.2　LED 显示屏

LED 显示屏最早出现在 20 世纪 70 年代，主要是基于 GaP 和 GaAsP 材料的红、黄、绿单色 LED 来构建显示屏，一般用于文字和数字显示（关积珍和陆家和，2004）。在 20 世纪 80 年代，随着各类颜色的 LED 相继发明和计算机技术的发展，尤其是 CGA（color graphic adapter）显示格式问世，显示精度可以达到 320×200（4 种颜色），LED 显示屏应用技术得到了快速发展。现在 LED 显示技术正向超高分辨率方向发展，显示精度由早先的 320×200 发展到 1600×1250，显示颜色由 4 种发展到 32 位真彩色，扫描频率从 15. 7 kHz 提高到 150 kHz，LED 的点间距也由 10 mm 户外显示屏发展到 1. 2 mm 的 LED 超级电视（Han, et al., 2015）。

国内从 20 世纪 80 年代开始对 LED 显示进行研究，90 年代形成产业，2000 年前后得到了高速发展。在 LED 显示屏发展初期，国内企业主要定位于 LED 封装和 LED 显示屏的制作，而 LED 晶片几乎全部依赖进口（关积珍，2005）。从 2000 年开始，随着国内 LED 晶片产业的发展，到 2005 年左右已经基本可以替代进口，2012 年 LED 显示屏采用晶片 80% 以上已经由国内制造。如今全球 85% 以上的 LED 显示屏直接或间接是中国制造，图 4-4 为深圳雷曼光电科技股份有限公司生产的深圳证券交易所室内高清 LED 显示屏。

图 4-4　深圳证券交易所大楼的室内高清晰 LED 显示屏

按应用场所分类，LED 显示屏主要有分为室内和户外两种。室内 LED 显示屏一般是以较小尺寸的贴片式 LED（SMD①）为主要光源器件，户外 LED 显示屏一般是以较大的直插式椭圆 LED 为主要光源器件；以颜色分类，可分为单色和全彩；以结构或功能分类，有条屏、点阵屏、点阵数码混合屏和道路交通可变情报板等（赵才荣等，2005）。无论应用领域和结构如何，行业内主要是以“应用领域和像素间距”来命名 LED 显示屏，即主要是根据应用场所和需要满足的功能，依据驱动模式，像素与像素之间的距离（单位：mm）来分类，如一般常见的有 P3、P4、P6、P8、P10、P12.5、P16、P20 等，这种分类没有严格限制，关键在于其能够满足终端应用需要和能够标准化生产及组装时方便为宜。

用于大尺寸 LED 显示终端的 LED 器件目前主要有椭圆灯（直插式 LED）和 SMD（贴片式 LED）两种，如图 4-5 所示。使用椭圆灯（直插式 LED）做显示屏，一般用于户外，由于受 LED 光源器件外形尺寸影响，点间距最小只能做到 10mm，难以满足用户对画质分辨率越来越高的要求。使用 SMD，由于目前 SMD 产品支架通常使用的是聚邻苯二甲酰胺（polyphthalamide，PPA）材料，有比较容易吸湿的特点，在高温、高湿条件下，其抗 UV 性和抗老化性下降，尤其是 PPA 吸水后体积膨胀系数大，用于户外或其他高湿度环境中，就会出现封装胶体与 PPA 材料和金属材料分离，从而导致 LED 器件失效（死灯）或整套产品报废，故而 SMD 制作的 LED 显示屏，一般只能用于户内。

基于以红、绿、蓝三基色 LED 为像素点制作的平板显示器，具有亮度高、色泽艳丽、寿命长等特点，理论上可以无限拼接组成超大显示屏，这不仅可以满

① SMD（surface mount technology）即表面贴装技术。

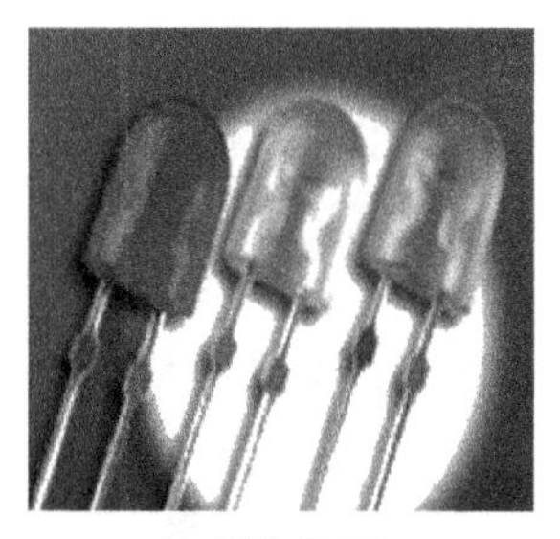

(a)直插式LED

(b)贴片式LED

图 4-5　LED 显示屏用 LED 光源器件

足室内应用，同时也可以满足户外或其他特殊领域应用，尤其是在户外显示屏领域具有绝对优势，已经广泛应用于卫生医疗、体育、机场、演出等各个领域（Cordes，et al.，2008）。

随着终端用户对 LED 显示屏认知度的提高，他们对 LED 显示屏的综合质量也提出了更高的要求，主要体现在对画质要求、节能需求（可以降低使用成本）、EMC[①]（不能对其他电子设备干扰）要求等越来越高，传统做法已经无法满足新的应用需求。

如果需要提高画质和降低能耗，通过改善 LED 显示屏的红 R、绿 G、蓝 B 三基色在 120°范围内的配光、减小像素之间的距离和提高有效光的应用率，无疑是最佳选择。直插式 LED（椭圆灯）虽然亮度高、防水性好、耐候性强，但由于其像素点间距最小只能做到 P10（10 mm），其应用领域受到了很大的局限。

贴片式 LED 在显示用途中具有得天独厚的先天性条件。贴片式 LED 可以做到更小的体积，因此拼接出的像素点也比直插式 LED 更小，具有更为清晰的显示能力；在光学性能上，贴片式 LED 具有广视角、混光好、对比度高等优势；另外，贴片式 LED 的生产效率高，其可以使用全自动贴片机进行量产。但是，由于常规的贴片式 LED 硅胶封装在户外条件下的老化问题、表面残留黏性导致吸附灰尘颗粒以及封装技术在防水等防护性能上的限制等，贴片式 LED 无法长期满足户外需求。近年来，随着 PPA 和硅胶等封装材料抗老化、抗水、抗腐蚀等性能的提升，新型结构的设计以及防水胶封灌等封装技术的成熟，贴片式 LED 在户外显示领域的应用已经取得了长足的进展，如图 4-6 中的户外高防水等级贴片式 LED 显示屏。

---

① EMC 是 electromagnetic compatibilify 的缩写，译为电磁兼容。

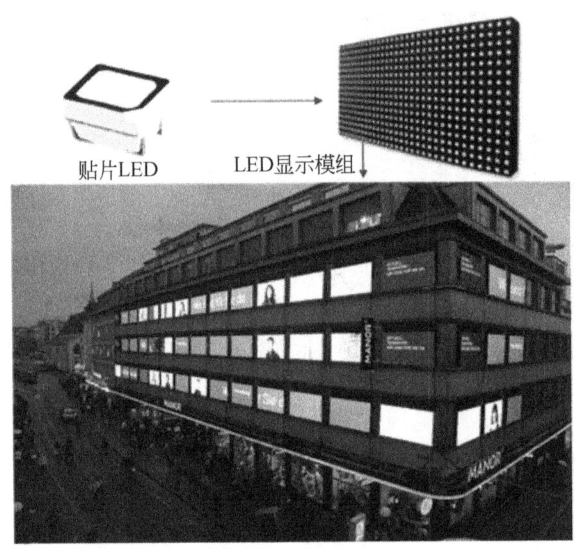

图 4-6　户外高防水等级贴片式 LED 及 LED 显示屏
资料来源：深圳雷曼光电科技股份有限公司

LED 显示屏是 LED 技术、IC 控制和通信技术的系统化产品，随着半导体和电子技术的发展，LED 显示屏技术也在加速革新。同时随着 LED 显示屏的应用领域的拓展，常规 LED 显示技术方面已经基本成熟，但是在诸如智能化、节能化、网络化（含多系统兼容）方面的发展只是刚刚起步，新兴起的裸眼 3D 显示技术、智能控制技术、节能技术将为 LED 显示注入了新的活力！

4.2.3　LED 背光源

LED 背光源技术是 LED 应用的主要领域，这项技术的应用主要集中在笔记本电脑、液晶电视（LCD TV）和智能手机等。我国是手机、电脑与电视生产与消费第一大国。据 LEDinside（LED 在线，www. ledinside. cn）统计，LED 背光是 LED 增长的主要驱动力，2012 年 LED 用于背光照明贡献占 LED 产值的总比例达 53. 5%，如手机背光占比将达 66. 5%。大尺寸液晶电视 LED 背光是最大亮点，相较 2011 年成长 10% 以上。采用 LED 背光的液晶电视，比例由 2011 年的 45% 提升至 2012 年的 80% 以上。液晶本身不发光，但可以通过彩色滤光片控制对光的透过率来控制显示的颜色和图案，如图 4-7 所示。最初的液晶背光源为荧光灯管，由于 LED 具有节能、长寿命、发光效率高、单色性好和无汞等优点，彻底地取代了荧光灯管在背光领域的应用。

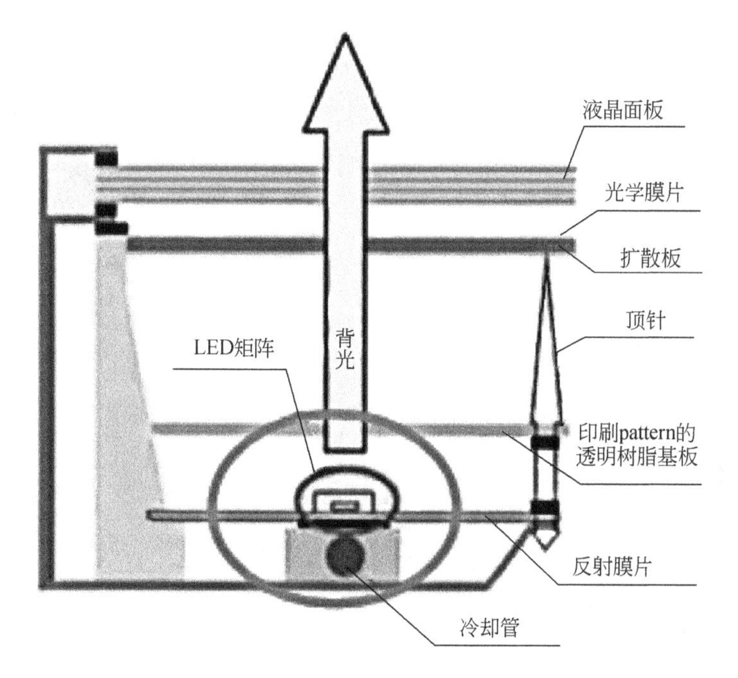

图 4-7　LED 背光结构示意图

我国的 LED 背光源产业虽然已经初具规模，但在 2012 年批生产的 LED 光效仍然只达到 130 lm/W 左右，未完全形成规模经济，多数背光模组还依赖进口，巨额的利润被国外公司获得。在动态背光控制和新技术方面，尽管国内各电视机厂家正积极开展研发，但仍与国际先进水平有较大差距。我国在 LED 背光源替代进口，LED 提高光效，并且在 LED 外延基板结构、LED 光源器件的封装模式和封装新材料研究方面还有待进一步探索研究。

4.3　LED 通用照明

LED 照明产品在组成结构上主要包含 LED 光源器件（或模组）、驱动及控制电路、二次光学部件和散热及电器接口部件。评价 LED 照明产品质量的主要技术指标包含灯具色温（CCT）、显色性（CRI）、额定光通量（$\Phi_{额定}$）、系统光效和使用寿命等参数。当然，LED 照明产品作为电器产品之一，其技术指标也还包括 EMC 技术指标、控制技术、安全技术指标、功率因素等。

依照产品应用领域分类，LED 照明主要分为室内照明和户外照明；以驱动模式分类，主要有隔离电源驱动和非隔离驱动；以电源放置方式分类，可分为内置电源和外置电源。以下是两种不同模式的驱动电源。

(1) 隔离式驱动电源

隔离式驱动电源即在 LED 直流驱动与输入高压之间用变压器隔离。隔离式驱动满足千伏以上隔离的安规需要，但是其电转换效率较低，该类电源电转换效率一般在 80%~90%，如图 4-8 所示。

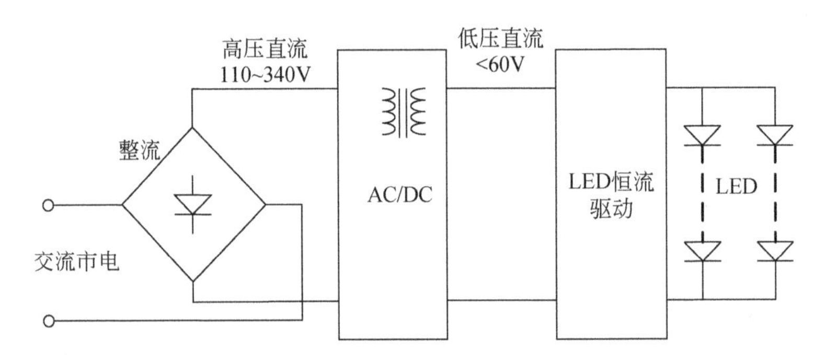

图 4-8　LED 照明产品隔离式驱动电源示意图

(2) 非隔离式驱动电源

非隔离式驱动电源即 LED 与输入高压之间无隔离变压器，一般在没有安规需求或有二次绝缘时采用。非隔离方式成本低，且转换效率较高，如图 4-9 所示。

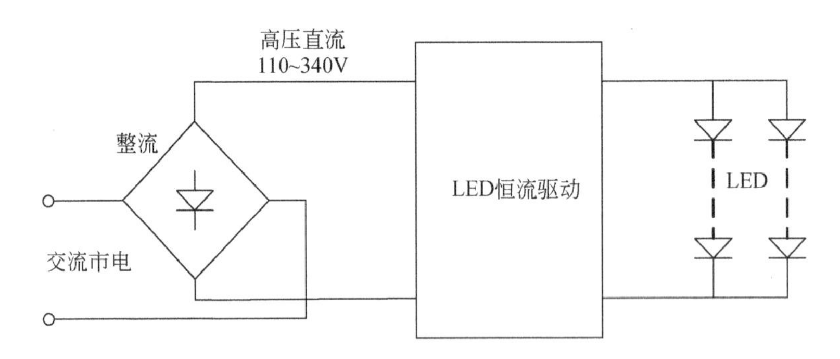

图 4-9　LED 照明产品非隔离式驱动电源示意图

4.3.1　LED 照明产品色温

色温（CCT）是 LED 照明产品的关键参数（Eo 和 Choi，2014）。基于不同领域或不同地域的人们对色温的需求不同，目前在国内标准尚未统一的条件下，主要是参考美国能源之星的《SSL 照明灯具标准》进行生产（美国能源部，2009）。该标准将色温（CCT）结合 CIE1931 色坐标（x，y）共分为 8 个四边形区域，如图 4-10。

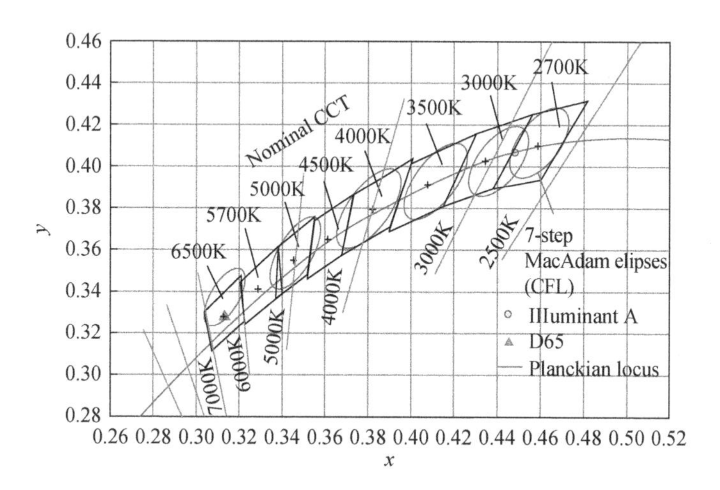

图 4-10　美国能源之星 SSL 照明灯具色温和色坐标划分图

注：CIE 1931 色度图表示了以八个标称 CCT 为中心的四边形

能源之星的色温分类沿用了传统荧光灯色温的分类，它将定义荧光灯色温的 6 个色温等级（2700K、3000K、3500K、4000K、5000K、6500K）的椭圆改成了 8 个四边形（章海骢，2008）。这 8 个四边形处于 MacAdam（麦克 · 亚当）椭圆或超出一些部分的位置，并规定四角区域内属于同一色温等级。美国能源之星也规定了 LED 灯具的 8 个色温等级，色坐标必须落在规定的四边形内，表 4-1 为能源之星相关色温（CCT）的范围和要求。

表 4-1　能源之星相关色温（CCT）的范围和要求　　（单位：K）

规定的 CCT 名称	CCT
2700	2725±145
3000	3045±175
3500	3465±245
4000	3980±275
4500	4503±243
5000	5028±283
5700	5665±355
6500	6530±510

CIE 将色温分为低色温、中色温和高色温 3 个等级。

1）低色温（暖白光）：色温<3000K，光色偏红给以温暖的感觉，有稳重的气氛。当采用该色温光源照射时，能使红色更鲜艳。

2）中色温（正白光）：色温在 3000～5000K，人在此色调下无特别明显的视觉心理效应，所以称为中性色温。当采用该色温光源照射时，使蓝色具有清凉感。

3）高色温（冷白光）：色温>5000K，光色偏蓝，给人以清冷感。当采用高色温光源照射时，使物体有偏冷的感觉。

4.3.2 LED 照明产品显色性（CRI）

显色指数（CRI）仍为目前定义光源显色性评价的普遍方法，LED 照明产品显色指数是在同色温的基准下 15 色的偏离程度（常规照明只取 8 色）测试结果，取平均偏差值 Ra，以 100 为最高，平均色差越大，Ra 值越低。图 4-11 为典型 LED 灯具光谱和显色指数。

通常需要色彩精确对比的场所，如质量检测部门，其 CRI 要在 90 以上，80～89 是需要色彩正确判断的场所，60～79 是普通需要中等显色性的场所，40～59 是对显色性的要求较低、色差较小的场所，40 以下将失去颜色判断能力。对于 LED 照明产品的显色性，美国能源之星照明标准 V1.1 明确要求室内 LED 照明 CRI（显色性）≥75。我国的 LED 照明标准尚没有发布，已公布的地方标准要求室内 LED 照明 CRI（显色性）≥80，而且显色指数 R9≥0，户外 LED 照明 CRI（显色性）≥65。

4.3.3 LED 照明额定光通量和系统光效

LED 照明产品的额定光通量又叫额定初始光通，人们习惯用传统照明产品的额定功率来称谓 LED 照明产品的规格。由于 LED 光效提升非常快，行业开始以“某某灯+额定光通量”来称谓，产品的额定功率只做参考，这样容易合理区分产品种类和规格。

LED 照明产品的系统光效有别于光源的光效，该参数主要受 LED 光源光效、驱动及控制系统电转换效率和二次光学透镜光穿透率的影响，一般也称为初始光效，是以 LED 照明产品的额定光通量除以输入功率，所得到的光功率参数，单位是 lm/W，该参数用于衡量 LED 照明产品的电光转换效率。

Light Source Test Report

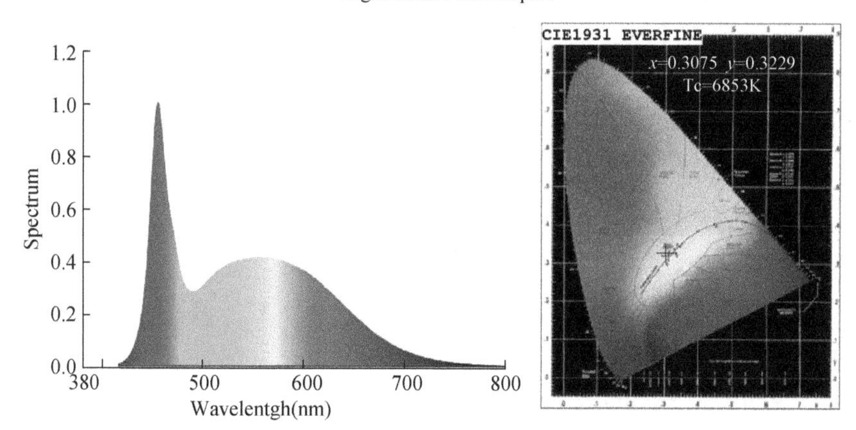

Color Parameters:

Chromaticity Coordinate:x=0.3075(dx=–0.0008) y=0.3229(dy=0.0043)
Chromaticity Coordinate:u′=0.3075 v′=0.3229(duv=2.69e-03)
Tc=6853K Dominat WL:Ld=486.3nm Purity=9.5% Centroid WL:539.0nm
Ratio:R=15.1% G=78.4% B=6.6% Peak WL:Lp=456.0nm HWL:25.7nm
Render Index:Ra=87.1

R1=87	R2=96	R3=95	R4=81	R5=85	R6=89	R7=87	
R8=76	R9=37	R10=88	R11=81	R12=58	R13=91	R14=98	R15=84

Photo Parameters:

Flux:1973.8 1m   Fe:6.7135 W   Efficacy:109.51m/W
LEVEL:OUT   WHITE:ANSI_6500k

Electrical Parameters:

Luminaire: U=219.9V I=0.08375A P=18.03W PF=0.9789 %THDv=0.9 and %THDi=9.8

Instrument Status:
Scan Range:380.0nm–800.0nm Interval:1.0nm[0]   Ip=31637(G=4,D=58)
REF=7335(R=3)   %= –0.496%   PMT:24.3 cemtigrade [24.5]

Stabilization 30min,220V

Product Type:LED T8 18W -SUPER BRIGHT   Manufacturer:
Number:6   Test Department:
Temperature:25.0 deg   Humidity:60%
Test Operator: Test Date:
Software:V2.00.100   Instrument:PMS-80_V1(SN:11040022)

图 4-11　蓝光 LED 加荧光粉合成白光的光效和显色指数，R1 ~ R15

资料来源：PMS-80_V1 光谱分析报告

4.3.4　LED 照明产品的寿命及综合可靠性

LED 照明产品的加速老化和寿命测试标准尚未统一，因而市场上的 LED 产品宣称的5万h甚至10万h的寿命大多没有实际数据支撑。在LED光源器件寿命测试方面，业界公认的是美国能源之星的LM80标准，而灯具寿命测试方面比较推崇LM79标准（ENERGY STAR Program，2008）。国内国家半导体照明工程研发及产业联盟（China Solid State Lighting Alliance，CSA）前期又推出更加快速的评价方法，不过该方法目前还在进一步验证中。

纵观各类组织所推出的LED寿命标准定义，在中国产业界内比较认同L70/F50的标准定义，即在LED照明产品寿命测量时，当50%的产品光输出降至初始值的70%以下时所用的时间。

LED照明作为一项新兴技术，由于其理论寿命太长，以至于人们暂时都无法提供其实际寿命的相关数据。然而，产品标准和测试方法对于其新技术的后续发展和确保其安全又至关重要。虽然LM-79包含了对总光通量、电功率、功效、色度和亮度分布的测量，但其不涉及产品寿命和可靠性的测量。LM-80测试仅在不同温度下对LED封装、阵列和模组的流明维持率的测试，至少测试6000h，以每1000h为进阶，并建议测试10 000h，所以测试时间太长，且费用极高。LED产品更新换代快，也许产品还在进行测试就已经被新的产品技术替代，况且即使测试10 000h，也远达不到市场上多数LED产品所声称的5万h寿命。

为了加强对LED产品寿命和可靠性分析，美国照明工程学会技术委员会经过多年努力，新出版了IESTM-21文件，该文件说明了如何推断出LED产品的流明维持率，即点亮不同时间后LED的光输出量。优质LED经其推导出的寿命可能超过5万h，要比传统照明长得多。不过，TM-21也仅涵盖LED封装、阵列和模组的测试，其他元件诸如电容、IC等没有考虑在内，也无法全面评估LED照明产品的实际寿命。要想真实全面、快速地评估出LED照明实际寿命，还有待各级标准研究组织做持续探索。

4.3.5 LED通用照明产品

1. 室内照明

室内照明是人造光源最为主要的应用场所之一，其市场容量在目前看，占到整个照明领域50%以上的比例，涉及工厂、学校、酒店、医院和办公楼宇等主要场所。主要包括LED球泡灯、LED筒灯、LED管灯、LED平板灯、LED蜡烛灯、LED PAR灯、LED MR16、LED台灯等，只要传统照明所涉及的产品种类，LED类产品基本均可以涉足和替代。以下主要介绍几种最为常用的照明产品。

(1) LED球泡灯

LED球泡灯可以全面替代传统白炽灯泡和紧凑型荧光灯泡，电接口主要有

E27/E26/E17/B22型号，一些常见的电接口如图4-12所示。产品额定光通量一般在240 lm（3 W）、450 lm（5 W）、600 lm（7 W），更大规格的比较少见，主要用于替代传统60W以下的照明产品。前期，LED球泡灯主要采用大功率LED芯片制作。为了防止眩光问题，外壳通常会使用磨砂玻璃、聚碳酸酯（PC）材料或亚克力来制作。基于LED大功率光源器件的电流密度不均，光效较低、光通量衰减大、性价比差，从2011年开始逐步被LED中功率器件替代。

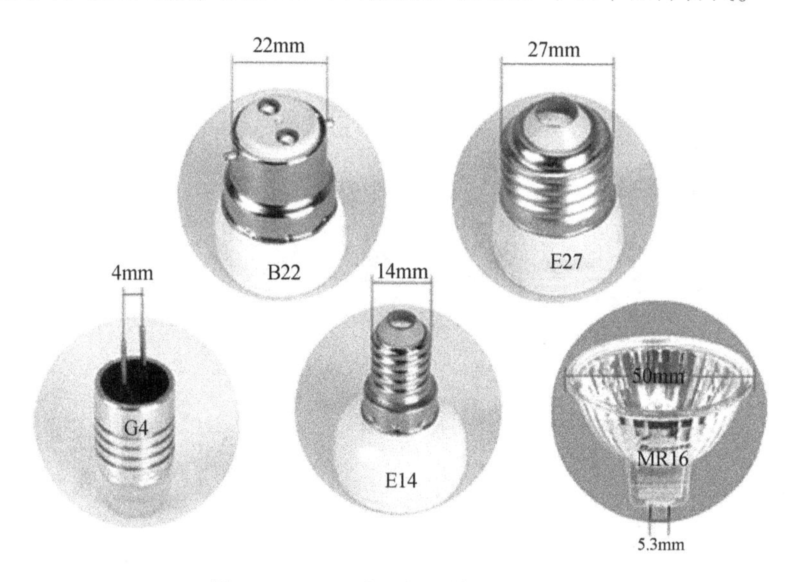

图4-12　LED球泡灯电接口常见类型

为便于安装，LED球泡灯一般采用内置电源模式，可以直接由市电驱动，大部分产品具有宽电压输入，可以从AC85～269 V输入，LED球泡灯可以在无需变更原有传统照明产品电路的情况下直接替代原有产品，这是LED球泡灯得以快速推广应用的关键。

相较传统球泡灯或荧光U型灯，LED球泡灯主要具有如下优点。

1）节能：LED球泡灯能耗仅为白炽灯的1/10，节能灯的1/4。

2）寿命长：LED球泡灯的理论寿命可达10万h，在目前的实际应用测试中，5000小时光通量衰减≤5%，对普通家庭照明可谓是“一劳永逸”。

3）绿色环保：没有汞等有害物质，LED灯泡的组装部件容易拆装，便于回收利用。

4）高显色性：一般显色指数CRI可以高达80以上，提高了照明效果的舒适度。

5）可以调光：可以调节亮度和色温，进一步节能和提高照明光品质。

(2) LED 管灯

LED 管灯用于替代同规格的传统荧光灯管，又称日光灯、光管、荧光管等，如图 4-13 所示。LED 管灯一般按照外形直径确定其主要规格，主要有 T5、T8、T10 等几种常见规格，T 是英文 tube 的缩写，后续所跟的数字表示产品圆管的外形直径，用八分之一英寸为基准值，T5 表示其外形直径为 5/8 英寸，即 15.87 mm。

图 4-13 LED T8 灯管实物

LED 灯管可以直接接在市电上，不需要传统荧光灯管的镇流器。在替换传统荧光灯管时，需要重新安装或修改电路，否则无法使用。对于新建筑设施全新的安装而言，LED T8 是比较经济的，可以抛开传统荧光管的复杂附加设施，不仅可以节约大量成本，而且可以获得更好的节能效果。如图 4-14 所示。

图 4-14 T8 管灯的应用工程场景——改造前和改造后的照明效果对比

资料来源：深圳雷曼光电科技股份有限公司

LED 管灯相对传统荧光灯而言，主要具有如下优点。

1）节能：18W 的 LED 管灯可以代替传统的 36W 荧光灯管；

2）寿命长：优质的 LED 管 5000h 光通量衰减小于 5%，寿命相当于传统荧光灯管的5～10倍；

3）绿色环保：没有汞等有害物质，且LED灯的组装部件可以非常容易拆装，便于回收利用；

4）高显色性：显色指数CRI可以高达80以上，尤其是LED没有荧光灯管的频闪和UV光谱，可以缓解视觉疲劳，如图4-15和图4-16所示。

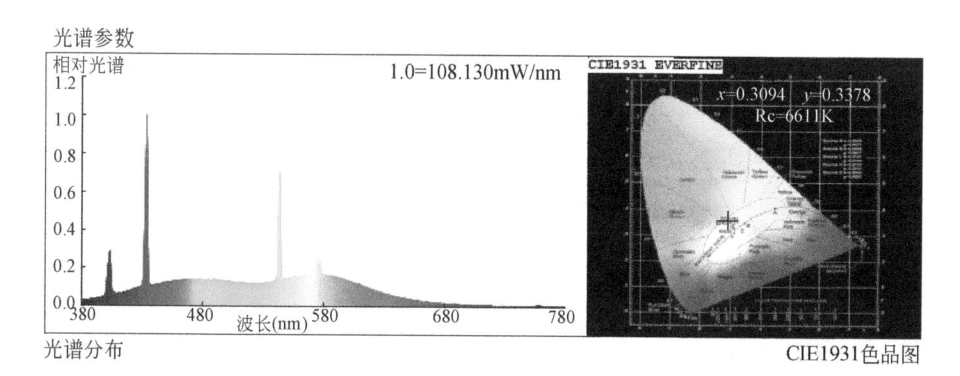

图4-15　荧光灯管的光谱

注：含有大量紫外和蓝光成分，容易刺激人眼疲劳

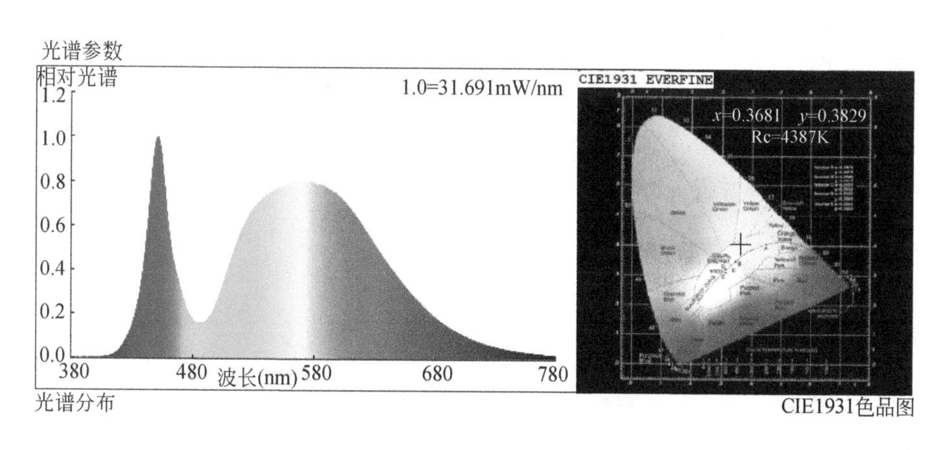

图4-16　LED照明特征光谱

注：没有紫外光，蓝光比例可控

（3）LED筒灯

LED筒灯主要是用于替代传统筒灯的新型节能灯具。主要有竖装筒灯和横装筒灯两种规格，安装开孔的尺寸与传统筒灯相同。如图4-17所示，筒灯规格尺寸主要是以内部反光杯面口径尺寸进行分类，如下所列。

图4-17　8英寸LED筒灯实物图片
资料来源：深圳雷曼光电科技股份有限公司

1）竖装筒灯规格：2.5英寸、3英寸、4英寸、5英寸、6英寸（1英寸≈25.4mm）。

2）横装筒灯规格：4英寸、5英寸、6英寸、8英寸、9英寸、10英寸、12英寸。

LED筒灯产品额定光通量一般在500 lm（7 W）、750 lm（10 W）和1000 lm（14 W），更大规格的比较少见，主要用于替代传统100 W以下的照明产品。与LED球泡灯相同，最初的LED筒灯也同样采用中功率LED器件制作。考虑到散热问题，LED筒灯的驱动电源有内置式和外置式两种。相对传统筒灯而言，LED筒灯也有长寿命、节能、环保、舒适等优点。

LED照明产品近几年发展迅猛，除了上面所列灯具，LED PAR灯、LED面板灯等也相继在商业照明中大量使用。在其他特殊领域，如LED汽车专用灯、LED植物灯等方面近几年也得到快速的发展。

随着LED技术和计算机技术的持续发展，随后LED在室内照明领域方面的应用将会得到进一步的拓展和延伸，而且也会逐步向智能化、更高光效和更高光品质方面发展，进而更加充分地满足未来“舒适照明”的需求。

2. 户外照明

（1）LED环境亮化照明

LED户外照明最早主要是以LED彩虹管、建筑投光灯或其他防水灯带在户外做建筑和环境亮化、美化开始的。该类照明对光品质要求不高，只需要做好防水设计即可。例如，大型建筑的轮廓显示、建筑物外墙亮化、关键标志标牌等，甚至结合 LED 显示屏技术，兼容一些简单显示功能。如图 4-18 所示。

图 4-18　深圳市政府亮化工程

在 LED 环境亮化照明领域，一般采用红（R）、绿（G）、蓝（B）三基色的 LED 光源器件，规格涵盖范围比较广，对光色要求方面不高，但对耐候性和可靠性要求较高。随着 LED 技术的持续发展，该类技术的应用已经普及到世界各国，用于去展示一个国家或地区的城市文化魅力。其中，中国的应用技术是做得最好的。

（2）LED 路灯

这是一个比较特殊的 LED 照明应用领域，它不仅仅只是节能、长寿命那么简单。因为其涉及道路安全、运动性照明视觉效果等重大技术领域。照明视觉效果方面需要一定的显色性和视敏值，即描述可见光的亮度参数，主要用于分辨物体形状。

2010 年以前道路照明领域主要还是采用传统的高压钠灯照明，高压钠灯的光谱对雾的穿透能力较强，但具有诸多缺点，如高能耗、响应速度慢、显色性差等。高压钠灯路灯，由于其光谱分布波长偏长，主要光谱集中在 550 ~ 650 nm，显色指数一般只有 20 左右，如图 4-19 所示。虽然高压钠灯的光效可高达 90 lm/W，然而在考虑中间视觉影响后（金鹏，2011），实际应用中高压钠灯无论是在分辨形状方面还是颜色显示方面效果均不佳。另外，高压钠灯 360°发光，经过灯罩的反光汇聚后，降低了光的有效利用率。

LED 路灯，基于其光谱分布波长较全、显色性较高，主要光谱分布在 380 ~ 780 nm，显色指数一般≥70。因为其主要发光面角度只有 120°，其光的有效利用率较高，给人比较亮、自然的感觉，而且无论是在分辨形状还是颜色显示方面均有较好的视觉效果。基于 LED 照明特殊的光品质、快速响应、节能高效、可调光等优点，洛杉矶、纽约、深圳、伦敦等国际化大都市相继出台取代传统高压钠灯的道路照明方案。

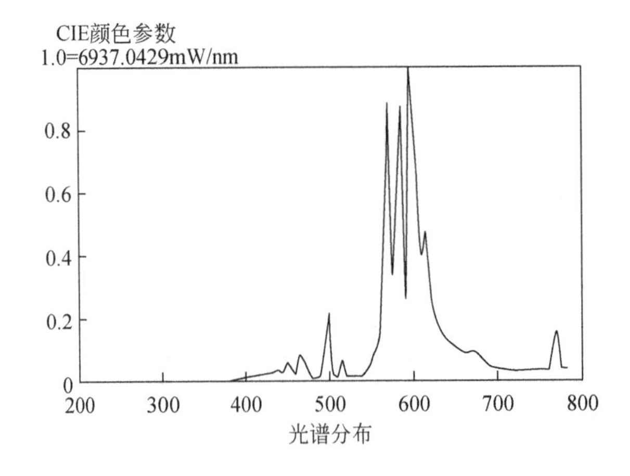

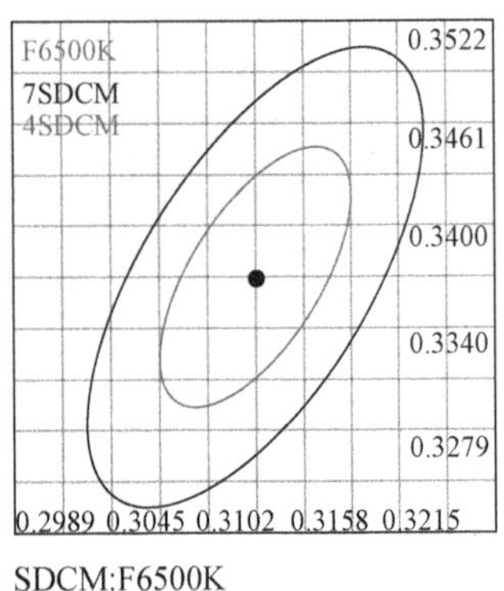

SDCM:F6500K

x_0=0.313 0 y_0=0.337 0

上升时间：

色品坐标：x=0.526 1 y=0.413 1 u=0.304 8 v=0.359

相关色温：2004 K 峰值波长：595 nm

色偏差：–0.000 09duv 色容差：168.4 SDCM

红色比：27.4%

显色指数：Ra=20.3

R1=12 R2=66 R3=50 R4=–10 R5=9 R6=57 R7=32 R8=–53

R9=–208 R10=48 R11=–35 R12=36 R13=20 R14=67 R15=–1

图 4-19 高压钠灯路灯实测光谱图

注：主要光谱在黄光部分，显色指数 20

从已有的光学物理量定义可知，要想获得较好的照明效果，人造光源的主要光谱波段的视敏值和整体光谱的显示性均必须要越接近自然日光越好，也就是说要同时具有良好的分辨物体形状能力和分辨物体颜色能力。

从图 4-20 可知，高压钠灯的光谱主要集中在明视觉中的 550 nm 以上范围，即便是高压钠灯能够给人一种比较明亮的感觉（高压钠灯路灯视敏函数积分值较高），然而基于其光谱分布范围过窄而显色性较低的情况下，人眼可直接感受的是黑和黄的颜色差异，视觉效果不够清晰；LED 路灯光谱在明视觉和中间视觉区域内的分布较广，基于其本身显性较高的情况下，即便是没有高压钠灯那样明亮，但 LED 路灯视敏函数积分值比高压钠灯低，给人眼直接感受的视觉会比高压钠灯清晰，如图 4-21。

中国是世界最大的 LED 产品生产基地和照明应用市场。为促进我国 LED 产业的发展，国家相继出台了包括《半导体照明节能产业发展意见》、《十城万盏》等系列政策措施。未来几年，政府推广 LED 节能照明的力度及优惠政策的扶持还将不断加大，LED 照明市场需求的潜力将会被激发，2015 年半导体照明占通

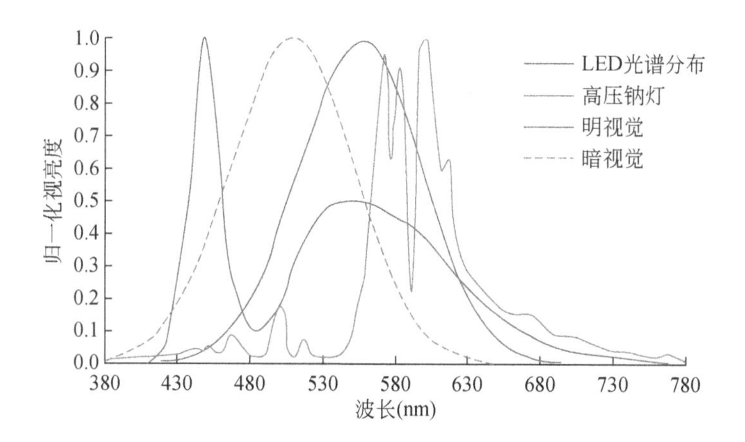

图 4-20　高压钠灯路灯与 LED 路灯光谱在视觉系统中的分布

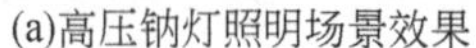

(a)高压钠灯照明场景效果　　　　(b)LED路灯照明场景效果

图 4-21　高压钠灯路灯与 LED 路灯的照明效果场景图

用照明市场的 30%，市场规模达到 5000 亿元，到 2016 年，15 W 以上的白炽灯已禁止出售并全部淘汰。

随着城市化的进程，人们大部分时间都将在室内，缺少自然光，这种情况将由于城市地区大气污染、特定光谱（如紫外线）被吸收而更加恶化。现在室内人工光源的照度水平远低于室外，人工光源产生的光谱与自然光完全不同。所以在完全由人工光源提供照明的现代化大楼中，需要充分考虑人工光源的光谱特性这一点十分重要。

据相关学者研究表明，环境温度和色彩的喜好也存在一定的关系，被试者对不同光色的喜好程度会随着环境温度的变化而改变，即光环境能够激发人们不同的心理反应。在 LED 照明在色温需求方面，亚洲一般偏好正白（6000K 左右）、北美低于偏向稍微暖一点的色温（4500K 左右）、欧洲方面偏好于暖色调（3000K 左右）；同时在我国冬季人们偏好暖色温（4500K 左右）、夏季人们偏好于冷色温（6000K 左右）。因此照明如何能满足且有宜于人的需求是在节能环保之外的另一个重要参数。

思 考 题

1. 基于 LED 发光的照明方式为什么叫固态照明，固态照明的优势有哪些？
2. LED 的封装需要满足什么原则？
3. 高压钠灯的显色性能否满足道路照明的需要？
4. 固态照明替代传统照明的过程中面临的主要阻力有哪些？

参 考 文 献

方志烈. 2003. 发光二极管材料与器件的历史、现状和展望. 物理学和高新技术，32（5）：295-301.

关积珍，陆家和. 2004. 我国 LED 显示屏技术和产业发展及展望. 现代显示，（2）：5-10.

关积珍. 2005. 对 LED 显示屏发展的回顾与展望. 现代显示，（7）：8-14.

金鹏，喻春雨，周奇峰，等. 2011. LED 在道路照明中的光效优势. 光学精密工程. 19（1）：51-55.

刘木清. 2015. 照明技术的发展趋势. 照明工程学报，26（1）：18-22.

谭巧等. 2012. LED 封装与检测技术. 北京：电子工业出版社.

章海骢. 2008. 美国“能源之星”对 SSL 灯具的要求. 光源与照明，3：42-45.

赵才荣，丁铁夫，郑喜凤，等. 2005. 大屏幕 LED 显示控制系统的设计. 液晶与显示，20（6）：564-569.

Cordes C N，Hoppenbrouwers J J L，Belik O，et al. 2008. Led Display System：US，US20080158115.

ENERGY STAR Program. 2008. Requirements for Solid State Lighting Luminaires，Eligibility Criteria-Version 1. 1. Washington D. C：Department of Energy.

Eo I，Choi K. 2014. Study on the effects of learning by changing the color-temperature LED lamp. International Journal of Multimedia & Ubiquitous Engineering，9.

Han H，Lin H，Lin C，et al. 2015. Resonant-enhanced full-color emission of quantum-dot-based micro LED display technology. Optics Express，23（25）.

Preuss S，D P，Preuss T，et al. 2006. LED Encapsulation：A New Approach of Rear Light Design. Photonics Europe. International Society for Optics and Photonics.

Zhang Y，Wang Y W，Zhang L P，et al. 2011. Current Situation of Silicone Materials for High-Power LED Encapsulation. Silicone Material.

第5章　低碳照明实践

5.1　日光照明技术

随着科技和互联网的快速发展，手机、平板电脑、笔记本电脑等移动电子设备越来越普及，电力消耗增加，全球性能源危机日益严峻。使用传统能源所带来的环境污染和气候变暖问题，也已经到了不可再忽视的地步。全世界都将目光聚焦在新型能源的开放利用上，如太阳能、风能、潮汐能、地热能、生物质能等。在这些新型可再生能源中，部分能源利用技术已经比较成熟并已不断被大众所认可。在所有的可再生能源中，太阳光能的利用无疑是当前最具有前景的技术，如太阳能热水器、光伏发电、日光照明和太阳能制氢等（季祺，2013）。

太阳光是一种可自然再生、无次生污染，且具有较高视觉功能的照明光源。日光能为建筑物内部空间提供优越的光照条件，全光谱多变的光场景转换能够给人们带来光照色彩、视觉享受和身心体验上的舒适、愉悦（赵建平等，2013）。在电能紧张的夏季，白天室内灯具照明的电力消耗成为焦点，人们试图探索利用绿色照明技术来代替耗电的灯具照明，如日光照明等。日光照明其实质就是将室外的自然光采集并引入室内的一类技术，是自然光利用技术的一个重要组成部分（Hopkinson，1962）。如图5-1所示的日光采集照明系统，一般是用透镜、抛物面镜或菲涅尔透镜等聚光元件将室外太阳光会聚到导光结构（如光纤、空气、水或导光管）中，引入室内提供照明的技术。该技术整合了太阳能光热技术、太阳能光电技术、室内环境调节技术，是自然光利用技术的一个重要组成部分（冯为为，2016）。为了提高太阳光的利用效率，减少光能量在传递或转化过程中的损失，日光照明系统以日光导入室内直接作为照明光源的方式取代了传统的用太阳能电池板进行光—电—光转换的做法，这种日光直接照明的方法原则上可以省去光—电、电—光转换过程中所产生的能量耗损。日光照明系统因为使用自然光照明，能够大大减少电能的消耗，并能够减少因为使用电灯而产生的热量，从而能够降低使用空调制冷的能耗。人们很早就认识到了日光的诸多优点，充分、合理地直接利用日光照明也一直都是人们不断探索和追求的目标。

图 5-1　日光采集照明系统

资料来源：http：//www. scitlion. com/index. php？ m=content&c=index&a=show&catid=180&id=756

日光照明，即采光，一般通过设置窗户以及多重反光面使自然光进入建筑内部，提供照明。设计建筑时应对采光特别注意，采光的目标是尽量提高视觉舒适度以及减少能耗。在办公空间，同时也尽量将工作安排在窗口或可以接受日光照明的地方，减少白天开灯，节约用电。减少人工照明的方式也可以采取在有阳光照射地带减少灯具设置，或者根据日光亮度调节灯具明暗或开关，即带光照度传感器的智能灯具。

昼光系数是分析室内空间采光量的一个重要指标（Rutten，1990）。一些专业的工程软件也能根据地理位置和时间模拟太阳位置和光照，方便建筑的采光计算。

秋分至春分之间，建筑背阴方向的墙壁没有阳光直接照射。一般情况下，建筑背阴面设置较小窗户而向阳面会设置更多而且更大的窗户。全年的晴天，向阳方向的窗户多少都会受到一些日光的直射，所以临近阳面窗户的区域更有利于采光。而在深冬期，阳光角度较低会造成很长的阴影，可以通过使漫反射板、导光管或室内反射面，在一定程度上缓解这种情况。夏季低纬度地区，东西向的窗户或者阴面的窗户有时会比阳面的窗户接收更多的阳光。根据不同的情况，可以组合多种采光形式。

5.1.1　窗户

窗户是最常用的采光方式，如图 5-2 所示，北京大学深圳研究生院实验楼窗户，采用大开窗和白色窗框使得室内光线充裕。窗户在垂直墙壁上布置，在一天或者一年的不同时间通过窗户进入室内的日光量会有变化。所以根据节气和纬度的不同，在多个方向上窗户的采光需要结合起来以在建筑内形成合理的照明效果。以下方法有利于增强窗户采光。

1）将窗户设置在浅色墙壁旁。

2）使窗框边的墙旋突出，形成凸窗，又称飘窗。

3）采用浅色窗台。

4）在合理的范围内，提高窗墙比，考虑适当的窗台高度。

5）采用瘦高型的窗型设计。

窗户所采用的布局架构和玻璃的品质类型同样会影响采光效果（查全芳和方廷勇，2015）。

图 5-2　北京大学深圳研究生院实验楼窗户

5.1.2　天井

天井类似于林窗，是一栋或几栋相邻的建筑物之间因建筑高低、层次和采光的设计原因所留出的一个上下直通的露天空间，如图 5-3 所示的深圳大学科技楼天井设计，加强了周围房间及底层庭院的采光。当房屋进深过大时，不利于中间层房间的采光和通风，设置天井可以有效解决这个问题。但天井仅能满足天井周围区域的光照要求，而且尤其是当建筑较高时光照情况也容易受到不同时间太阳位置变化的影响，形成遮光。

图 5-3　深圳大学科技楼天井

5.1.3　高窗

高窗是另一个重要的采光要素。高窗是在高处垂直设置的窗口，向阳布置的高窗可以获得更多的直射阳光，但直接朝向太阳时，高窗和其他窗口可能造成眩光。在不通过电力或机械活动采光的房间中，高窗可以为阴面的房间提供日光照明；而通过高窗进入的散射阳光（如在北半球来自北边的光）也足以照亮整间教室或办公室。

通常高窗的采光会照在白色或浅色的墙面上，这些墙面会将光反射到需要的地方，这样可以减少光线直射而使其漫散射到室内，避免阴影。

厂房、教室和图书馆等楼层较高且对照明需求较大的建筑常采用高窗，如图 5-4 所示的哈尔滨工业大学深圳研究生院教学楼，向阳面的窗户在较深的窗框中，并补充高窗避免日晒，同时保证采光充足。如图 5-5 所示的深圳大学图书馆，在面积较大的墙体上开设高窗，补充建筑内部照明，加强建筑与外部的通风性。

高窗具有距地面较高，安全性更好的特点，相对于一般窗户更难以通过窗口进入室内或窥探室内，有更高的安全性，所以对安全或保密性要求较高的建筑会更多地采用高窗。图 5-6 是深圳大学食堂，厨房部分出于安全性的考虑，全部采用高窗采光。图 5-7 是深圳大学食堂厨房外 2 m 高处的窗户，完全无法通过高窗窥视室内情况。

图 5-4　哈尔滨工业大学深圳研究生院教学楼

图 5-5　深圳大学图书馆

图 5-6　深圳大学食堂

图 5-7　深圳大学食堂厨房外 2m 高处的窗户

5.1.4　天窗

天窗指占据全部或部分建筑房顶的开窗方式，包括房顶窗户、独立天窗、管式采光设备、斜透光板等。天窗可以透过大量日光，加强住户与户外环境的联系，而且通常有助于下面房间的通风。如图 5-8 所示的天窗，在白天可以完全满足房间的照明需求而无需开启人工照明。

图 5-8　天窗设计

资料来源：http：//www. 55. com/goods-ecaf1cb7a8027dd38fe0abdd0a8b3760. html

（1）基本天窗

基本天窗是由窗框支撑的透光面板，如图 5-8 所示。可以开闭的或有透气功能的天窗的透光面板通过带子连接到窗框上。天窗通常安置在工作场所中。

（2）管式采光设备

管式采光设备是由光导管连接天窗，然后连接漫射板使日光漫射到房间的各个角落。

（3）斜透光板

和一般天窗不同，斜透光板是在一套窗框系统中布置多个透光面板。通常为特别的设计。

天窗采光的优势有很多。天窗在住宅和商业建筑中被广泛采用，主要因为其采光效率非常高。高效的采光就意味着减少人工照明，同时节约透光面板的面积，这样就可以大量降低电能消耗。

顶采光（天窗）比侧采光（一般窗户）更充分利用阳光。顶采光能使光线比较垂直地照射在建筑中心区域；顶采光可以同时收集来自天空的散射日光和太阳的直射光，采光效率很高；现代透光面板均能避免眩光，这样在阳光角度很低时也可以将日光散射到房间内较大的区域。即使在阴天时，顶部采光效率也会是侧采光的 3 ~ 10 倍。

现代玻璃和塑料制造技术的发展对所有形式的天窗都作出了极大的提升。有些材质增加抗热性能，有些注重会聚日光的能力。双层中空材质的玻璃被广泛应用于现代天窗中。在非常寒冷的地区有时也采用三层玻璃，但增加第三层玻璃会损失一部分光。为了提高玻璃的隔热效率，设计人员往往在玻璃层间填充高纯度的惰性气体或抽真空。

塑料材质在天窗和管式采光设备中也有普遍应用，塑料天窗常设置成拱形穹顶，但也有其他注塑形状，拱形天窗一般用于较低的斜屋顶。拱形结构有利于排水和排除烟囱的小灰烬。丙烯酸是最常用的塑料透光面板，而在有特殊需求的情况中，如需要增加抗冲击性时，也常采用聚碳酸酯和共聚酯等材料。紫外线可以较为稳定地通过塑料材质面板，使得塑料面板拥有良好的热力性能。但目前缺乏可应用的透光性测试方法，造成了在详细描述塑料透光面板时会出现困难。

5.1.5 镜面反射系统

为了将室外的自然光引入进深较大的室内空间，并且能够适用于各个楼层，人们发明了一种简单的镜面反射日光照明装置，如图 5-9 所示的镜面反射系统示意图，镜面反射的阳光可以为各层房间提供照明。镜面反射系统主要是利用安装在窗户边的反射镜将室外的自然光（直射阳光或者是来自天空的背景光）反射到室内的天花板和墙壁上，由房屋内壁漫反射后达到提供室内光照的效果。

镜面反射系统曾在办公建筑中广泛应用，但现今手动调节的镜面反射系统已被与人工照明结合的其他方式所替代。

图 5-9 镜面反射系统示意图

5.1.6 导光管

导光管是另一种采光设备，也叫管式采光设备，放置在屋顶以采集日光并集中导入室内区域，图5-10为管式采光设备示意图，日光可以“穿过”屋顶为室内提供照明，这种装置在一定程度上类似嵌入天花板的灯具。而导光管因为其面积较小，所以不会像天窗一样传递很多热能。

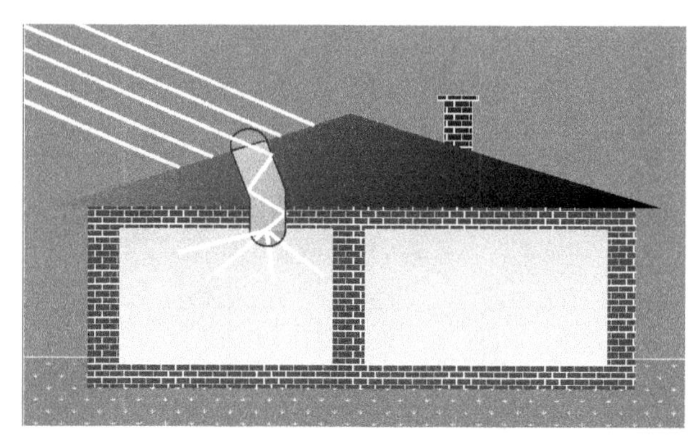

图5-10 管式采光设备示意图

管式采光设备采用现代科技，可以使光穿越不透明的屋顶或墙壁。导光管体本身是内部有>95%反射率的反光涂层或通过光纤传导的无源元件。导光管顶部连接一个放置在屋顶的透光的拱形集光器，底部连接将光均匀分散到室内空间的散射板。集光器收集的室外光，经导光管传递，通过散射板照向室内空间（Mueller and Gutjahr，1996）。一些先进的绿色建筑已经大量采用管式采光设备，图5-11是2012年伦敦奥运会手球馆“铜盒子”，屋顶采用管式采光设备，据称可节约40%的电力消耗。

5.1.7 锯齿形屋顶

锯齿形屋顶通常在旧式厂房中采用，如图5-12所示的现存于南京晨光集团有限责任公司内的金陵兵工厂锯齿形厂房。锯齿形屋顶在屋顶背阴方向设置垂直的玻璃，以采集散射光（并非来自向阳方向的直射光）。而屋顶其他倾斜的部分则是不透明而且隔热的，这使屋顶保持凉爽而不会有刺眼光线。锯齿形屋顶的采光理念可以在一定程度上减小夏天天窗造成的温度过高的影响，但冬季会造成热量流失。

图 5-11　伦敦奥运会手球馆“铜盒子”

资料来源：http：//www. chla. com. cn/htm/2012/0729/134503_ 2. html

图 5-12　现存于南京晨光集团有限责任公司内的金陵兵工厂锯齿形厂房

资料来源：http：//tech. hexun. com/2015-09-15/179091268. html

5.1.8　定日镜

定日镜是将太阳或其他天体发出和反射的光线反射到指定方位角的反射镜或透镜组，如图 5-13 所示。定日镜的光学设计和跟踪系统技术已经成熟，作为提高照明效率的工具，正得到愈发广泛的应用。定日镜可以将日光直接反射至窗户或天窗，或者进入其他光学器件（如导光管），将其导入需要照明的区域。

图 5-13　定日镜圆形阵列

资料来源：http：//news. sctv. com/kjxw/qy/201203/t20120302_ 1052623_ 2. shtml

5.1.9　智能调光玻璃

智能调光玻璃主要是利用了电致变色原理，它是在两层玻璃间加入液晶膜制成的特殊玻璃。智能调光玻璃可以在透明、半透明、全遮光、反射光、不反射光等状态之间切换透光效果，如图 5-14 所示。智能玻璃的技术在不断革新，涉及半导体和纳米新材料技术，状态的切换是通过调节接入的电压实现的。用智能玻璃制作的窗户天窗等可以用来调节室内照明，以平衡室外光亮度的变化，或室内照明需求的变化，如随着太阳光照的增强，会自动变暗。目前价格比较高。

(a)通电-透明　　(b)不通电-雾状

图 5-14　智能调光玻璃

资料来源：http：//cn. made-in-china. com/gongying/njxfrboli-hqOJRePrgiWG. html

5.1.10 光纤混凝土墙壁

光纤混凝土墙壁是由透明混凝土砖搭建而成的，透明混凝土砖是在混凝土中加入导光材料，如光纤，可以使混凝土变为半透明，这样光线就可以直接穿过混凝土外墙进入室内（李涤非，2007），营造出半透明的奇幻光场景。如图 5-15 所示。

图 5-15　光纤混凝土墙壁

资料来源：http：//sanwen8. cn/p/17eLT2d. html

5.1.11 混合太阳能照明

也可以混合利用太阳能和日光照明，该装置在屋顶放置大直径光纤采光器，再用荧光灯具直接连接光缆。这种方式不需要电力就可以满足白天的室内照明。

无日光时，混合太阳能照明装置通过电子镇流器，调节荧光灯亮度。黄昏时随着日光逐渐变暗，荧光灯逐渐点亮，而形成近乎恒定的室内照明水平。新型的 LED 灯具结合太阳能比荧光灯更有优势，我们将在随后的章节细述。

5.2 智能照明

自 1879 年白炽灯的发明开启人类照明时代以来（梁人杰，2014），历经几次技术革命后，传统白炽灯单一控制照明已经过渡到了现代 LED 智能照明。面对全球能源危机和气候变暖的不断加剧，当今社会大力提倡发展低碳节能经济，具有智能化控制、经济节能以及带有人性化管理和艺术性场景变换特点的智能照明将是未来照明技术的发展趋势。

伴随物联网发展出现的智慧城市（城市路灯照明）和智能家居（建筑智能照明）是智能照明技术的主要应用领域（庄晓波和刘彦妍，2015）。智能照明所要达到的目标之一是节能减排。智能化的照明系统能显著地提高照明效率，并提高人们在室内工作、生活的舒适性和满意度，近年来得到了广泛的关注和发展（Su，2011）。智能照明也是近年来高速发展的绿色照明技术中的重要一环，涉及传感、通信和调光三个主要技术领域。

5.2.1 传感器

1. 光敏传感器

光敏传感器可以把检测到的光信号变化转换成电信号输出，又称光电式传感器。光敏传感器对红外波长和紫外波长较敏感，可用于检测光强、光照度的大小和变化，也可用于非电量检测。具有非接触、响应快、可靠性高等特点，在工业自动化控制、物联网、智能家居以及智能照明中得到了广泛的应用。

在智能照明控制中，光敏传感器可检测当前的照度水平，并据此来调节灯的开关或输出亮度，从而维持一个恒定的照度，达到节能的目的。常见的光敏传感器主要有光敏电阻、光敏二极管、光敏三极管、硅光电池、光电管、光电倍增管、红外传感器和 CCD/CMOS 图像传感器等。其中，应用较多的是光敏电阻、硅光电池、光敏二极管、光敏三极管，它们的光照特性分别如图 5-16（a）～图 5-16（d）所示。光照特性被定义为输出电压或电流与入射光强之间的关系，是挑选光敏传感器的一个重要依据。其中，光敏电阻、光敏二极管和光敏三极管工作时需外加偏压 U，改变 U 就可以得到一簇光照特性曲线。而硅光电池利用的是光生伏特效应（photovoltaic），在光照下本身可以产生附加电动势，不需要外加偏压。因此硅光电池的光照特性曲线只有两条，用来表示输出开路电压、输出短路电流与入射光强之间的关系，如图 5-16（b）所示。

从图 5-16 可以看出，光敏电阻的光照特性是非线性的，如果用于定量检测需要对照标准设备逐点标定。因此，光敏电阻通常只用来做光电开关。虽然硅光电池的开路电压与入射光强之间也是非线性关系，但其短路电流与入射光强之间呈现出良好的线性特征。在电流源模式下，硅光电池也可以作为线性敏感元件使用。通常光敏二极管的电流灵敏度为一固定值，因此其光照特性也呈现出良好的线性特征。在弱光下光敏三极管灵敏度会降低，强光下则出现饱和现象，主要是因为电流放大倍数是非线性造成的，不适合用于弱信号检测。因此，在线性检测中，更多选用的是光敏二极管。

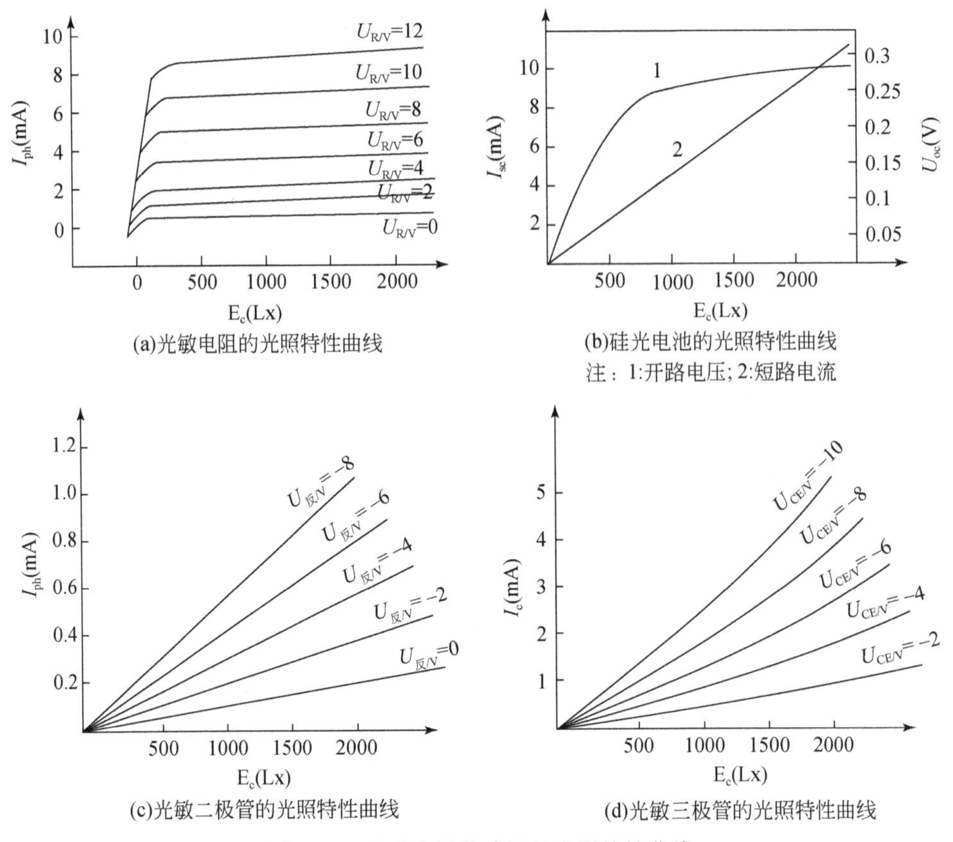

(a)光敏电阻的光照特性曲线

(b)硅光电池的光照特性曲线
注：1:开路电压; 2:短路电流

(c)光敏二极管的光照特性曲线

(d)光敏三极管的光照特性曲线

图 5-16 几种光敏传感器的光照特性曲线

2. 占位传感器

占位传感器，又称运动传感器，它能够把感知到的物体运动变化转化为电信号。从工作原理来说，运动传感器可分为两类，一类是主动发射信号并检测反馈信号的变化情况；另一类是通过探测物体本身发射的信号。

在智能照明系统中，通过占位传感器检测一定区域范围内物体或人的运动变化来相应地自动控制照明设备的开关和明亮度，实现人性化控制和节能作用。表 5-1 列出了加利福尼亚州能源委员会（CEC）和美国电力科学研究院（EPRI）对在不同类型区域的照明系统中使用占位传感器可以实现的节能效果的估计（Bill, et al. , 2001）。

表 5-1　不同类型区域的照明系统中使用占位传感器的潜在节能效果

	加利福尼亚州能源委员会（CEC）	美国电力科学研究院（EPRI）
区域类型	节能效率	节能效率
私人办公室	25% ~50%	30%
开放办公室	20% ~25%	15%
教室	—	20% ~35%
会议室	45% ~65%	35%
洗手间	30% ~75%	40%
仓库	50% ~75%	55%
贮藏室	45% ~65%	—

占位传感器在智能照明控制中广泛使用，常见的有被动式红外（PIR）传感器和超声波传感器（ultrasonic）两类，其他的如微波传感器、声音传感器等在照明中较少使用。仅能探测单一参量的运动传感器往往存在很高的误触发率，因此出现了结合两种或多种占位传感器技术的双鉴传感器或混合传感器，使得探测更可靠和更灵活，但尺寸较大，价格昂贵。

（1）被动式红外传感器

所有物体的温度超过绝对零度都会不停地向外辐射红外线。被动式红外传感器是最常用的占位传感器，只能探测特定范围内物体所辐射的红外线，并不主动发出用于探测的红外线。当有物体或人进出被动式红外传感器的探测范围时，探测环境中的温度和红外线辐射量发生变化。传感器检测到这一变化，并相应地触发照明开关，从而实现“人来灯亮，人走灯灭（暗）”的效果，节约电能。

被动式红外传感器一般是由菲涅尔透镜、热释电传感器和低噪声放大器三个部分构成，其中热释电传感器是核心元件，它能将接收到的红外线辐射变化转换为电信号输出，但是热释电传感器有一个缺点是只对变化的红外辐射起作用。菲涅尔透镜的主要作用如下：①能够把接收到的红外辐射汇聚到热释电传感器上，有利于提高检测效率；②将被动式红外传感器的探测区划分成若干个可以接收到红外辐射的可见区和接收不到红外辐射的盲区，从而使得在探测区内运动的物体（人）也能够由于进出可见区和盲区而导致传感器接收到变化的红外辐射。热释电传感器探测距离大约只有 2 m，加菲涅尔透镜后可达到 10 m 左右，并且也有助于提高检测的准确性和灵敏度。当环境温度上升，背景红外辐射强度增加，影响传感器灵敏度，特别是接近人体正常体温 37℃ 时，灵敏度明显降低，此时需要经由匹配的低噪声放大器对增益进行补偿，以增加探测的灵敏度。

被动式红外传感器的优点是误触发率低，成本和功耗也相对较低。缺点是红外辐射被遮挡时传感器接收不到运动体的红外辐射信息，也就无法探测是否有物体进入或离开探测区域。热释电传感器的结构和外形如图 5-17 所示。

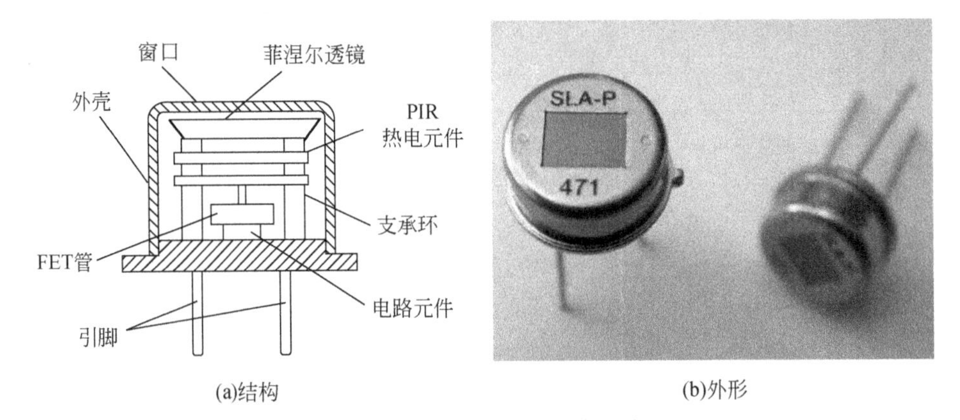

(a)结构 (b)外形

图 5-17 热释电传感器的结构和外形

资料来源：http：//product. dzsc. com/product/738809-2014717173521580. html

（2）超声波传感器

超声波传感器是基于多普勒效应原理制成的一种传感器。超声波传感器不断向外发射高频超声波（25～40 kHz），当超声波遇到运动的物体时，经运动物体表面反射回来的回波频率就会有轻微的变动，即发生多普勒效应。传感器中的接收器可以探测到回波频率的变动，根据这一变化来判断探测范围内是否有物体移动，并相应地对照明系统的开关进行控制。

超声波传感器的结构和外形如图 5-18 所示。超声波传感器的核心由两个正负极反接的换能晶片组成，外壳为金属或塑料，顶部有屏蔽栅，换能晶片上放置一金属震动板，其表面中心处有一个圆锥形振子，该振子使得发射出的超声波具有很强的方向性，用于发送和接收超声波。

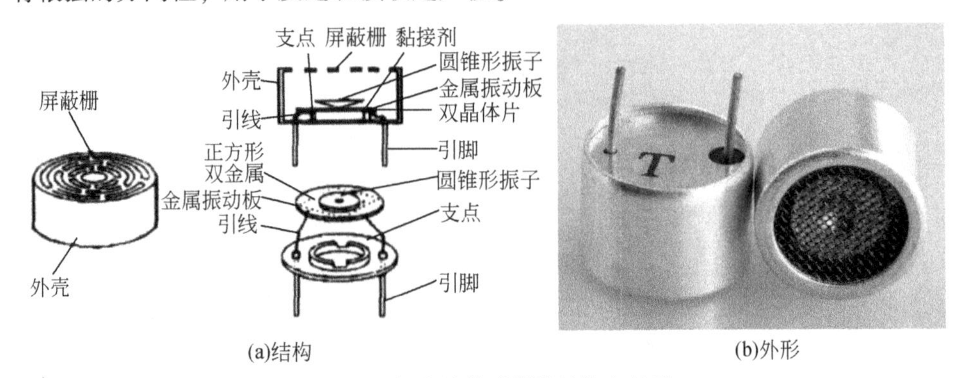

(a)结构 (b)外形

图 5-18 超声波传感器的结构和外形

资料来源：http：//www. sensorshome. com/exp. asp？ uid＝4628

与被动式红外传感器仅对生物体的运动敏感不同，超声波传感对于非生物体（如窗帘、空气）的运动也同样敏感。这就导致超声波传感器发生误判和误触发的概率也相对较高。然而，相比被动式红外传感器而言，超声波传感器的探测不会受障碍物的干扰和影响，在探测区域内无视觉盲区。这是因为超声波的频率较低，可以绕过障碍物进行传播。通常超声波传感器的探测范围和灵敏度要比被动式红外传感器更优。表 5-2 给出了被动式红外传感器和超声波传感器的性能比较（颜重光，2011）。被动式红外传感器和超声波传感器的探测区域和范围示意如图 5-19 所示（Platts，2013）。

表 5-2　被动式红外传感器和超声波传感器的性能比较

特性		被动式红外传感器	超声波传感器
检测范围		视角范围内，会受遮挡物干扰	360°视角范围，且不受遮挡物阻隔干扰
探测距离	手的活动	最远 4.57m	最远 7.62m
	胳膊和上身	最远 6.1m	最远 9.15m
	人体活动	最远 12.2m	最远 12.2m
最大探测面积		27.87 ~ 92.9m^2	25.55 ~ 185.8m^2
最大灵敏度方向		对水平左右方向移动	对径向方向运动
环境封闭性		室内室外都可使用	适合室内封闭环境使用
适合环境		小型办公室、形状规则的房间，对于较小的房间效果较好	适用于较大房间、不规则形状和带有遮挡物的空间，如图书馆阅览室、大型实验室、楼梯、大型设备、结构支撑物等
安装方式		墙壁式、吊顶式、墙壁开关式等	墙壁式、吊顶式、墙壁开关式等
优点		隐蔽性好，低功耗，价格便宜	灵敏度高，敏感范围大，无视觉盲区，不受遮挡物干扰
缺点		易受各种热源、光源干扰；穿透力差，易被遮挡；探测距离不远；对径向运动方向运动检测能力较差	由于灵敏度高，易受周围环境干扰而产生误判；价格较昂贵
寿命		传感器是 12 ~ 15 年，控制器是 6 ~ 10 年，根据制造材料和使用环境有差别	

超声波传感器可以探测到图中所示轮廓线内的任意点处的活动。被动式红外传感器的探测区域则是如图 5-19 中所示的楔形区域，且探测距离通常比超声波传感器要小。图 5-19 所示的探测区域和范围仅是示意性，实际情况会有所差异。

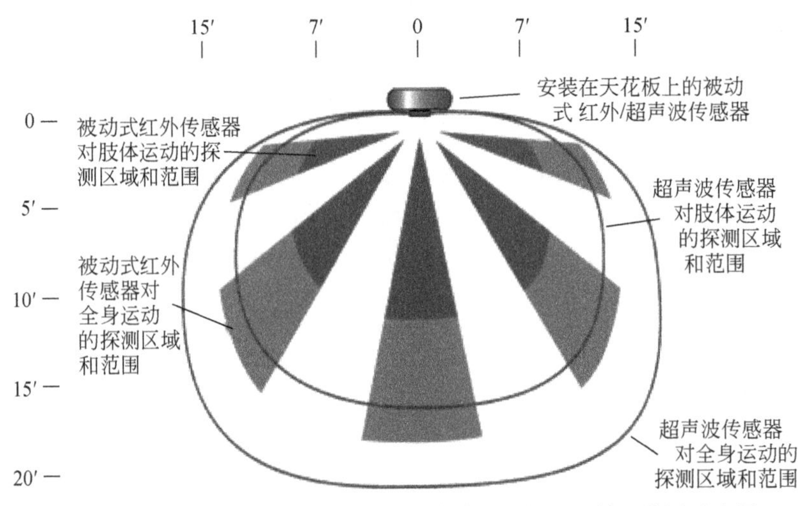

图 5-19　被动式红外传感器和超声波传感器的探测区域和范围示意图

（3）微波传感器和声音传感器

微波传感器和声音传感器相对来说更不常见。声音传感器可以探测到人或者机器所发出的声音，以此判断是否有人或者有机器在工作，这种声音传感器通常最适合用在工厂或者仓库中，声音传感器也常常用于建筑声控照明。微波传感器与超声波传感器类似，都是通过发射信号并检测所反射回来的信号频率是否发生了改变，来判断物体的存在、速度、距离、角度等信息。不同点在于发出信号的频率，微波信号的频率高于超声波，因此无法绕过物体，而声音传感器的频率小于超声波，可以绕过大型物体（如围墙）。

（4）双鉴（或混合）传感器

双鉴（或混合）传感器是将被动式红外传感器、超声波传感器或其他类型的技术集成到一个传感器中，目的在于增加探测的准确性。其中最常见的组合是被动式红外传感器和超声波传感器的组合，以及被动式红外传感器和声音传感器的组合。

1）被动式红外传感器/超声波传感器组合。这种组合是最常见的双鉴传感器，这样的组合能将被动式红外传感器不易被误触发的优点，以及超声波传感器灵敏度较高的优点结合到一起，从而提高传感器探测的可靠性。只有当被动式红外传感器和超声波传感器都检测到了有物体（人）活动时，系统才会判定有人并发送开灯信号。开灯以后，只要两个传感器中的任意一个检测到有运动存在，就一直保持开灯的状态。而当两个传感器都没有检测到有运动存在时，并经过一定的时延之后，双鉴传感器才会认为在该区域内已经没人，并发送关灯信号。由于在开灯之前，需要两个传感器都检测到有运动存在，这样就减少了发生误触发

(误开灯）的可能。又由于只要有一个传感器检测到有运动存在就可以保持开灯状态，这也就可以减少误关灯的可能。

2）被动式红外传感器/声音传感器组合，这种组合的双鉴传感器探测的是人的运动以及所发出的声音。工作时，只要被动式红外传感器检测到有物体（人）的活动，就会开灯。但是，只有当被动式红外传感器没有检测到有运动存在，同时声音传感器也没有检测到有声音存在，并经过一定的时延之后，才会关灯。举例来说，在使用这种双鉴传感器时，一个人打字的声音就可以避免由于被动式红外传感器检测不到人打字的细微动作而发生的误关灯。声音传感器的灵敏度通常是可调的，以适应不同背景噪声水平的地方。这种双鉴传感器的价格比被动式红外传感器/超声波传感器的组合便宜，而且与很多单独的被动式红外传感器不同，因为声音可以穿过大的障碍物，所以可以用在有隔间的办公室中。

3. 温度传感器

温度传感器是利用某些材料对温度的敏感特性，把感应到的温度信息转换成电信号的器件。通常可分为热敏电阻和热电偶。热电偶具有较宽的测温范围，以及能适应各种大气环境、价格低廉、无需供电等优点，是最常用的测温传感器。由于热电偶输出电压与温度并非完全是线性的关系，因此不适用于高精度测量。热敏电阻多数采用负温度系数半导体材料，其阻值与温度成反比关系。热敏电阻响应速度快、精度高、体积小，是最灵敏的温度传感器。但是线性度较差，价格也比热电偶贵。

在照明系统中，温度传感器主要用于灯具的过温保护。特别是大功率 LED 发热严重，散热处理不好，过高的温度容易引起 LED 的光衰减，甚至直接烧坏等问题。使用温度传感器监测灯具的温度，当温度过高时，通过电路控制降低灯具的输出电流或者关闭来降温，而当温度降低后，可以自动开启灯具或增大输出电流。

4. 图像传感器

图像传感器是一种利用感光元件把光学图像转换成电信号输出的元件，它是摄像机的核心部分。对于感光元件可分为 CCD 和 COMS 两大类。图像传感器广泛应用于相机、监控、摄像头、手机、平板电脑和笔记本电脑等电子设备上，在智能照明领域它也发挥着重要作用，如城市道路智能照明系统，利用图像传感器监测道路人流量和车流量，在人流量和车流量高峰时自动调亮照明系统，而人流和车流较少时将照明系统调暗，这种根据环境变化情况实时调控的照明系统，与采用定时间隔关闭的传统照明控制系统相比，管理方便且更加节能。

5.2.2 通信技术

随着智慧城市和智能家居的不断发展，通信技术已成为智能照明系统的重要组成部分。建立在有线、无线和电力线载波等通信技术基础上的智能照明系统，能够对灯具进行智能化的管理与控制（Miki，et al.，2006）。例如，允许用户通过手机、平板电脑、电脑等对照明灯具进行人性化的控制、开关、调光、场景转换等；允许道路照明路灯根据环境变化进行智能开关、调光，实现节能。未来照明技术将从智能化步入智慧化，实现遥测、遥控和遥信功能，而通信技术是实现这一跨越的基础。

智能照明系统通常包括服务器、传感器、控制器、智能终端等几部分，如图5-20所示的照明控制网络。传感器将检测到的环境变量数据通过一定的通信方式发送给控制器或服务器，控制器或服务器对接收到的信息进行处理，并决定要控制哪个（或哪些）智能终端单元进行什么样的操作。随后控制器再将控制信号通过某种通信方式发送给目标智能终端单元，智能终端单元将根据所接收到的控制信号对灯具进行开关或者调光控制（张丽娜，2006）。

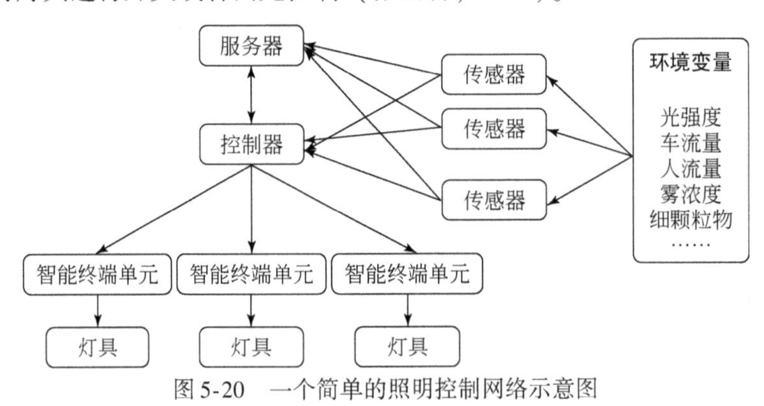

图5-20　一个简单的照明控制网络示意图

在智能照明中采用的通信协议和网络结构有很多种，大体上归为三类，有线、无线和电力线载波。在这些通信网络中，典型的有：电力线载波（power line carrier）、RS-485、DALI、LonWorks、Zigbee、蓝牙（bluetooth）和Wi-Fi。这几种网络均为当前市面上智能照明领域的主流通信网络，并已有大量相应的成熟产品。上述网络中，PLC是电力线载波通信网络，RS-485、DALI、LonWorks是现场总线网络，Zigbee、蓝牙（bluetooth）和Wi-Fi则是无线通信网络。

有线通信技术的缺点是布线繁杂、成本高、通信网络的扩展和移动性差。电力线载波通信免去布线但信号损耗大，需要安装滤波和阻波设备。近几年物联网的兴起促进了近距离无线通信技术迅速发展，无线通信技术使传统照明控制系统摆脱了线路的束缚，控制方式变得多样化，而且单灯损坏并不影响其他灯具的正常工作，在家居照明领域优势明显，但长距离信号传输和远程控制仍需技术上的突破。

这些方案在各自适用的照明场景中均占有优势，短时间内还很难形成一个统一的标准。相信未来应该会朝着兼容的趋势发展。

1. 电力线载波通信

电力线载波通信（power line communication，PLC）是一种利用电力线作为信息传输载体，把信号调制成高频载波加载在电力线上，进行可靠数据传输的方法。照明的配电网是一个用户最多、分布最广的能源传输网络，也是一个潜在的巨大通信网络。在现有的有线通信方式中，只有 PLC 不需要额外架设网络，这大大降低了它的通信成本。目前应用较广泛的电力线载波通信技术包括低压 PLC、高压 PLC、超窄带 PLC、宽带 PLC、扩频电力线技术等（杜琼和周一届，2005）。

智能照明系统中的总线通常采用的专用通信线路（如双绞线、同轴电缆、光纤等）为通信媒介的控制网络系统。专用通信网络的主要问题是，不论在安装新的还是改造原有智能照明控制系统，都需要重新布设通信线，从而大大增加了系统的成本。若采用电力线载波通信，利用已架设的电网作为照明控制信息的传输载体，就不存在重新布线的问题，目前 PLC 技术数据传输速度较低。如图 5-21 所示的是传统照明控制、专用通信线路照明控制以及基于电力线载波照明控制架构之间的对比。

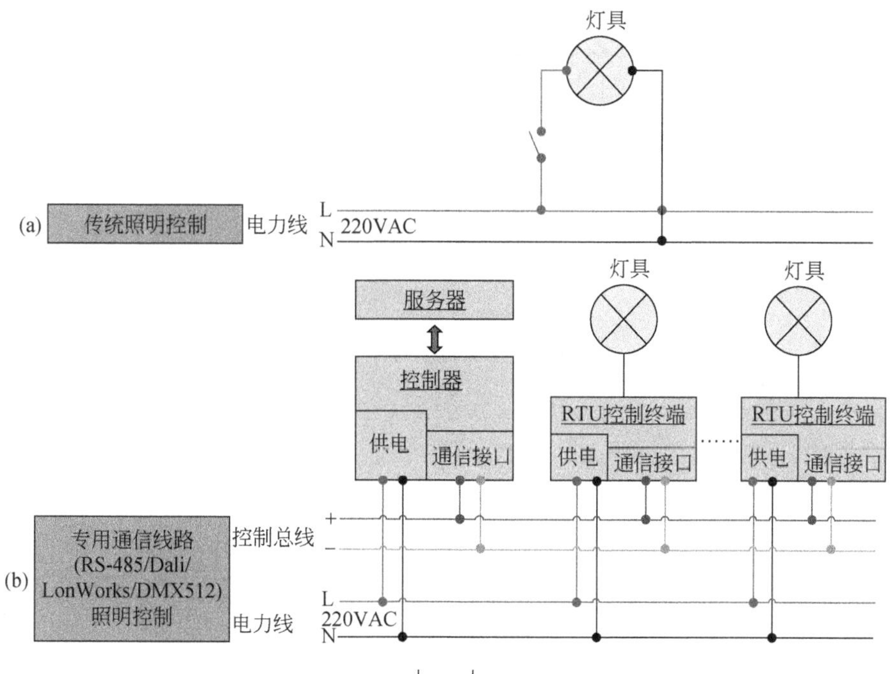

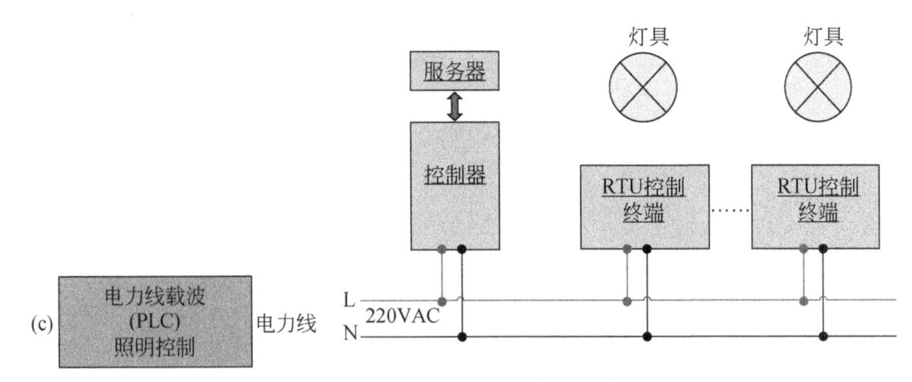

图 5-21　三种照明控制架构比较

虽然一些标准的现场总线技术，如 LonWorks、DALI、RS-485、EIB 等，也支持以电力线作为传输介质，但 LonWorks 和 DALI 价格较为高昂，而 EIB 总线技术主推的是基于双绞线的产品，并不适用于中国市场。因此，近年来基于 PLC 的通信网络得到了广泛的重视和发展，是一种很有潜力的现场设备总线技术。目前在美国的家庭自动化装置中（如照明控制、安保系统等）大约有 70% 使用的是 X-10 标准的 PLC 载波通信产品。

PLC 通信是直接利用电力线作为控制总线，通过电力线将各控制器与各功能接口相连并实现通信和控制，无需再额外布线，如图 5-22 所示。PLC 协议的设备主要是发送设备和接收设备。PLC 通信的每一个接收设备都有唯一的地址，接收到信号时，接收设备会先比较所接收信号中的地址信息，只有当信号地址与自身地址匹配时，接收设备才会做出响应并接收信息。

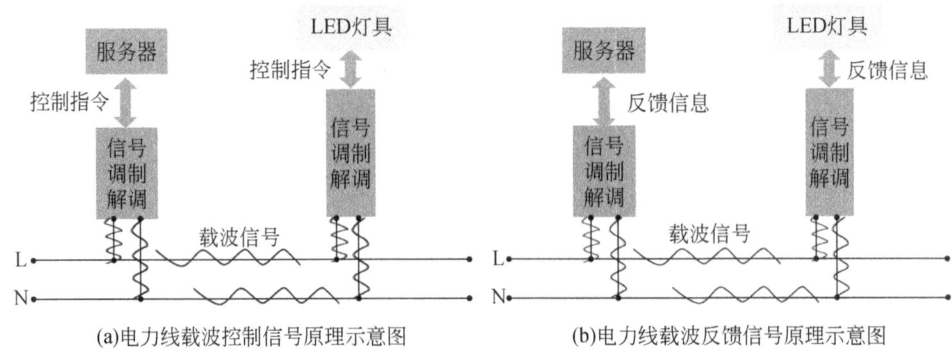

图 5-22　电力线载波基本通信原理

PLC 控制网络和设备组建系统简单灵活，性价比高。但电力线载波没有得到大规模应用，主要是其自身存在以下局限性。

1）电力线载波信号在电网中传输容易受到变压器的阻碍，导致信号只能在变压器区域内传输。要实现大范围、远距离传输，需要采用跨变压器连线。

2）三相电力线间存在 10 ~ 30 dB 的损耗，近距离存在信号串扰，所以电力线载波只能在单相上传输。

3）电力线有两种耦合方式，即线地耦合和线中线耦合。电力载波通信采用线地耦合比线中线耦合要少十几分贝损耗。尽管如此，但有些地区电力系统并不满足线地耦合要求。

4）电力线处于高负荷时，对传输的载波信号有消减。空载下，点对点通信可达到几公里。但阻抗低于 1Ω 时，电力线载波通信距离只有几十米。

2. RS-485 总线

RS-485 是由美国电子工业协会（EIA）于 1983 年制定的串行物理接口标准。采用平衡发送和差分接收数据的通信方式，这种通信方式增强了抗干扰能力，数据传输质量很高，组网方式简单灵活，可以在一条双绞线上挂载多个从机设备，进行多点双向通信。对于通信距离和抗干扰性有很高要求的场合普遍采用 RS-485。在智能照明系统中，通常采用 RS-485 来实现控制器与 PC 上位机的通信，通过控制软件就可以对灯具进行开光、亮暗的调节。

RS-485 有很强的噪声抑制能力，在很强的干扰噪声下仍然可以进行准确的数据传输，最高传输速率为 10 Mbps，而且信号衰减很小，最大通信距离可以达到 1200m，很适合用于构建要求长距离传输和多站能力的系统。RS-485 通常采用总线型网络拓扑结构，就是用一条双绞线将各个节点连接起来，其中一条定义为 A，另一条定义为 B。如图 5-23 所示。

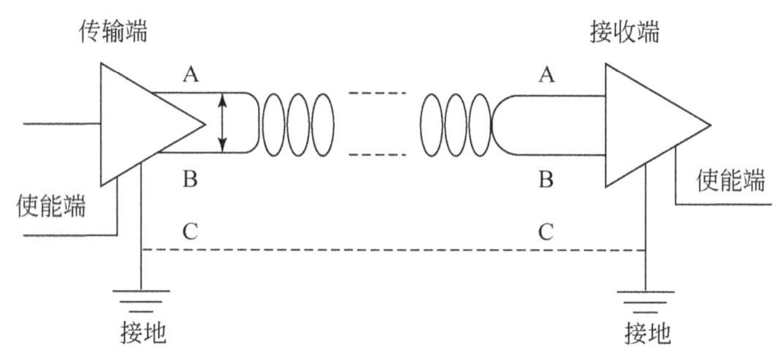

图 5-23　RS-485 通讯模式

RS-485 采用差分信号负逻辑，2 ~ 6V 表示“0”，−6 ~ −2V 表示“1”，能很好地兼容 TTL 电平。RS-485 接线方式有两种，即两线制和四线制。四线制只能进行一对一数据传输，现在更多采用的是两线制的屏蔽双绞线，网络结构简单，用一条双绞线连接各个从机设备的“A”、“B”端就可以构建一个小型的通信网络，但每一个节点只能挂载一个设备，最多可以有32个节点。

RS-485通信存在以下几点不足。

1）RS-485没有总线竞争机制，通信过程中存在数据冗余。

2）需要铺设RS-485专线，施工成本高，维护负担重。

3）RS-485组网功能弱，成本也相对较高。RS-485是总线型结构，不支持环形或星形网络。而且一个网络中只能有一台主机，当主机出问题时，从机设备也不能工作。

4）主机挂载从机数量相对较少。①普通型RS485方案，1个主机控制≤32个/64个从机；②增强型RS485方案，1个主机控制≤128个/256个从机。

5）现场施工要求高，对通信线缆有严格的要求。一般选用双绞线或网线，因为使用非双绞的普通电线进行通信，存在信号干扰。

3. DALI总线

DALI称为数字可寻址调光接口（digital addressable lighting interface），是一种通信协议，主要是通过数字化模块控制电子整流器来调节灯具的光通量，可以对卤素灯、荧光灯和LED灯进行调光。DALI协议的目的是要建立一个适用于室内照明控制的简单系统，用于实现智能调光。这种简单系统确保了不同可调光镇流控制器的可互换性，为灯光设计师、灯具生产企业、装修公司和用户提供了便利性保障。

2000年奥地利锐高（Tridonic）公司联合飞利浦（Philips）、欧司朗（OSRAM）等照明企业制订了DALI的工业标准，并纳入IEC60929体系，保证了不同厂家生产的DALI设备相互兼容，并于2001年成立世界DALI协会，多数电子镇流器产商都支持DALI协议，因为DALI系统充分发挥了数字控制技术在照明领域的优势。目前DALI已成为欧洲数字调光的主流标准。这些都有利于扩展DALI设备的应用范围。图5-24是支持DALI协议的产品品牌。

针对室内智能照明需要，DALI协议尽可能地将系统构建简单化。DALI模块都有各自独立的地址，并且存储着灯光场景信息，这样DALI总线可以通过寻址方式对每一盏灯进行独立的控制，实现开关、调光和光场景的转换。DALI协议允许各个DALI模块之间进行相互控制和通信（董珀，2010），降低了对传输线路的要求，并且控制器可在有效通信范围内的任意位置对DALI网络中的灯具进行控制，这极大地方便了用户通过移动设备进行控制。

如图5-25所示。DALI系统一般包括控制器、驱动器、网关、DALI总线电源、中继器。控制器主要用来发送控制信息，支持DALI协议的控制面板、手机、

图 5-24　支持 DALI 协议的产品品牌

传感设备都可以作为控制器。驱动器负责接收控制信息并控制灯具，如调光器。网关用来把 DALI 系统与互联网相连，通过网关 DALI 系统就可以通过 WiFi、蓝牙、Zigbee 等通信方式与外部其他设备进行通信。中继器主要用来增加 DALI 系统的通信距离。

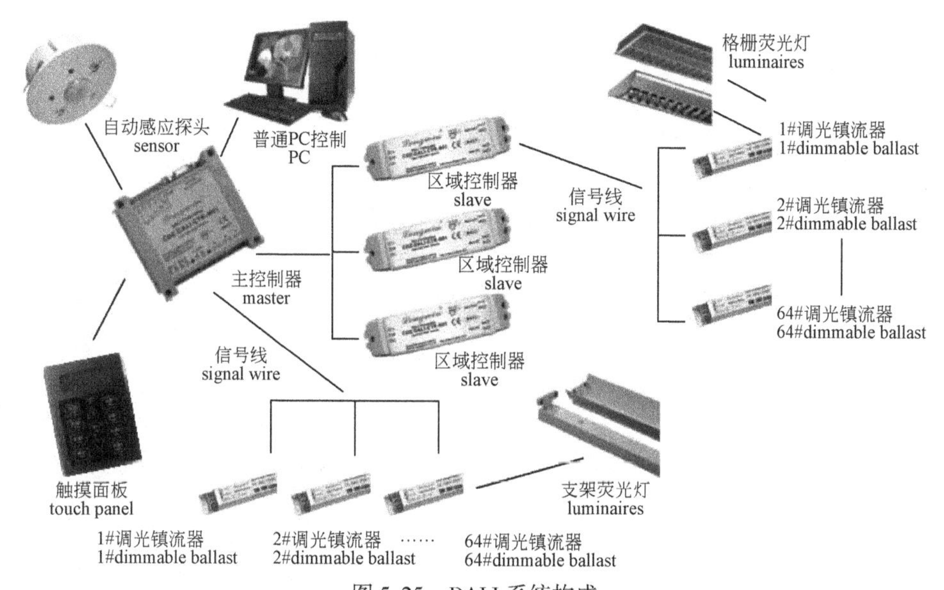

图 5-25　DALI 系统构成

资料来源：http：//www. mzcytech. com/news/105. html

DALI 是一个开放的协议标准，有很高的兼容性，允许支持 DALI 协议的不同产商的产品接入 DALI 系统，保证用户的多样选择性。一个 DALI 系统一般可以挂载 64 个电子镇流器，可以用独立、分组、全局的方式控制灯具，控制精准灵活。DALI 系统具扩展性，可以通过系统之间的级联方式来扩大组网结构，也能够通过网关与互联网或楼宇自动控制系统相连接。表 5-3 给出了 DALI 总线的优缺点分析。基于以上特点，DALI 照明系统很适合运用在商业照明、建筑照明、室内家具照明等领域。目前国内应用 DALI 照明系统的案例包括广州国际金融中心、阿里巴巴新总部大楼（淘宝城）等。

表 5-3　DALI 总线的优缺点分析

优点	缺点
单个灯具可独立寻址	DALI 设备供应商少，大部分为国外厂商，按点收费，设备成本高
通信结构简单可靠	施工中需要铺设 DALI 专线，施工成本高
DALI 通信模组功耗低、EMI 性能优越、性价比高	主机挂载从机数量少，1 个主机控制不超过 64 个从机
DALI 通信模组体积小巧，可以灵活内嵌于各种灯具/镇流器中	通信距离短，总线长度<300m
对传输介质没有特殊的要求，施工相对简单	

4. LonWorks 总线

LonWorks 是一种现场总线协议，也是全分布式、智能化的局域操作网络（local operation network），1991 年由美国埃施朗（Echelon）公司开发（陈星扩，2003）。LonWorks 总线技术能够控制网络中的各种元件，如传感器、控制器、执行器、断路器、灯具等，通过基于 LonTalk 协议的通信接口单元连接成一个开放式的测控网络，使得控制网络中的各个节点可以以点对点、主—从式或者客户机/服务器的方式进行相互通信，并可以方便地在网络中添加或者删除节点。LonWorks 是一个开放的协议，技术完整统一，在很多领域广泛应用，能兼容不同厂家的产品，是目前唯一涵盖传感器总线（sensor bus）、设备总线（device bus）和现场总线（field bus）三种应用层次的总线技术。到 2010 年，已有超过 9000 万的 LonWorks 设备安装在了世界各地的家庭、商业楼宇、交通、工业控制和公用设施系统中。

LonWorks 总线技术中关键的是神经元芯片和 LonTalk 协议。LonTalk 协议遵守 ISO/OSI 标准所定义的 7 层服务，这些协议层允许不同设备进行智能通信。

LonTalk 协议增强了 LonWorks 网络中不同厂家设备之间的互操作性，并且数据传输快，不会出现拥堵。LonWorks 总线可以在许多种介质上进行数据通信，包括双绞线、电网、RF 射频、红外线、同轴电缆和光纤等，为集散控制系统通信问题给出了解决方案。LonWorks 总线有多种组网方式，如总线型、星形、环形、自由拓扑。这极大地方便了控制网络的构建，为控制应用提供了一个能在各种通信介质中高可靠、高性能、高抗干扰性地进行传输的通信机制（刘艳，2009）。采用双绞线时，LonWorks 总线的通信速率为 78 Kbps/2700 m/每段 64 节点，以及 1.25 Mbps/130 m/每段 64 个节点。LonWorks 总线在一个控制网络上的节点数可达 32 000 个，可工作在任何操作系统上，如 DOS、Windows、UNIX 等。

目前，在智能照明控制领域中，典型的现场总线控制协议除 LonWorks 之外，还有 C-Bus 总线、Dynet 总线、I-bus 总线和 LUTRON 灯光控制协议等。其他几种典型的智能照明现场总线的性能参数见表 5-4（邹吉平，2005）。

表 5-4　典型的智能照明现场总线的性能参数

	邦奇电子 Dynet	ABB 公司 I-Bus	奇胜科技 C-Bus	路创公司 Lutron
拓扑结构	总线型	总线型	总线型、星形、树形	星形（扩充为总线型+星形）
总线容量	主网可连接 64 个子网，每个子网可连接 64 个设备。主网最多可连接 4 096 个模块。调光模块中可预置 96 个场景	一条总线可连接 64 个设备，系统最多能够支持 14 400 个设备。调光模块可存放 96 个场景	一个子网最多容纳 100 个单元或 255 个回路。通过网桥、集线器和交换机可增加连接容量	子网最大为 1 000 个回路，512 个灯区，1 020 个场景。可通过网桥，将多个子网连接，扩大系统容量
网络	采用四线制两对双绞线。总线电源电压为直流 12V，总线长度没有严格限制	I-Bus 系统是在 EIB（欧洲安装总线）标准上的两线网络。总线电源电压为直流 24V，总线长度没有严格限制	采用两线制双绞线。总线电源电压为直流 36V，子网的传输距离最大为 1km	GRAFIK 系统根据控制对象规模，有 3000 系列、5000 系列、6000 系列。各子网的传输距离最大为 600m，可扩充
传输速率	子网：9.6 Kbps 主网：57.6 Kbps	9.6 Kbps	9.6 Kbps	1 Mbps 以上
通信协议	DMX512 照明控制协议	CSMAP/CA	CSMAP/CD	内部接口 RS-232；外部接口 RS-485。协议不公开
传输介质	屏蔽五类双绞线（STP5）	屏蔽五类双绞线（STP5）	非屏蔽五类双绞线（UTP5）	屏蔽五类双绞线（STP5）
价格	一般	一般	低	较高

续表

	邦奇电子 Dynet	ABB 公司 I-Bus	奇胜科技 C-Bus	路创公司 Lutron
优势	调光功能较好；系统简单，可扩展	运行成本低，体积小，易安装，易使用	系统容量较大，技术较成熟	调光性较好，传输速率快
劣势	封闭协议，兼容性较差，组网方式单一	—	封闭协议，兼容性较差	封闭协议，兼容性较差
应用	照明控制、楼宇自动化、家庭自动化和机舱自动化	公共建筑及住宅中自动化系统	家庭自动化系统或商业建筑照明控制系统	智能照明控制

Dynet 和 C-Bus 属于封闭协议，在调光功能上有各自的特点和优势，但与其他系统的互联性较差。LonWorks 完全互操作性的特点，使得它在分布式控制网络中有很大的应用前景。随着智能照明技术的进一步发展，不同通信系统和协议将趋于统一和更加兼容。

5. Zigbee 技术

近距离无线通信技术主要有无线局域网技术（wireless local area network, WLAN）、红外（IrDA）、蓝牙、Wi-Fi 和 ZigBee 技术等。但由于无线局域网、蓝牙和红外（IrDA）在功耗、系统复杂度、成本、有效通信距离、所支持的节点数及通信时延等方面的问题，见表 5-5（肖本强等，2008；周怡頲等，2005），使得它们并不适合用在工业控制、智能照明控制、智能家居等对功耗、成本及实时性等要求较高的自动控制领域。Zigbee 是第一种能够满足传感器和控制设备之间数据传输要求的无线通信技术。

表 5-5　四种无线通信技术性能的比较

通信技术	WLAN	蓝牙 4.2	红外（IrDA）	Zigbee
面向对象	高速因特网	设备连接	设备连接	监控和控制
电池持续时间	数小时	1 周	几年	几年
协议复杂度	非常复杂	复杂	简单	简单
节点数	32 个	7 个	2 个	单一网络最多 255 个节点，加协调器支持节点数达 65 000 个
建立连接速度	最多 3s	最多 10s	等待时间阈值为 3s	30ms
传输距离	100m	100m	在定向条件下 1m	10 ~ 100m
扩展性	可以	可以	不能	可以
传输速率	11 Mbps	7. 5Mbps	16 Mbps	20 ~ 250 Kbps
组网能力	强	较弱	弱	强

ZigBee 是基于 IEEE802. 15. 4 标准一种无线通信协议，工作频率为 868MHz、915MHz 或 2. 4GHz，属于免费许可频段，传输距离为 10～100m，有一定的穿墙能力，主要用于近距离无线连接，通过合理使用路由器和增加发射功率，可以增加通信距离，做到建筑内通信无死角和远程控制通信。与蓝牙、Wi-Fi 相比，ZigBee 最大的特点就是低功耗。举个例子，2 节 5 号电池仅能支持 Wi-Fi 工作几个小时，蓝牙工作几周，但对 ZigBee 来说可以达到 6～24 个月。ZigBee 是一个免费开放的协议，这大幅降低了它的成本。ZigBee 延时短，响应速度快，数据传输可靠。

ZigBee 网络主要由协调器、路由器及终端设备组成。如图 5-26 所示，协调器是负责建立和配置网络，维持网络的运行，并存储了整个网络的信息，当一个 ZigBee 网络要与其他 ZigBee 网络相连时要通过协调器来连接，一个 ZigBee 网络中只有一个协调器。路由器是 ZigBee 设备之间进行通信的中继器，能够将一个设备的信息转发到其他设备，从而拓展网络的范围。ZigBee 组网方式多样灵活，其网状或树形网络可以有多个路由器，但 ZigBee 星形网络不支持路由器，如图 5-27 所示。ZigBee 终端设备只包含了与相邻节点（协调器或者路由器，不包括 ZigBee 终端设备）进行通信的功能，它不转发其他设备的信息，这使得终端设备可以在很多时间都处于休眠状态，从而显著地降低功耗，终端设备所需的存储容量很小，因此成本也较低。

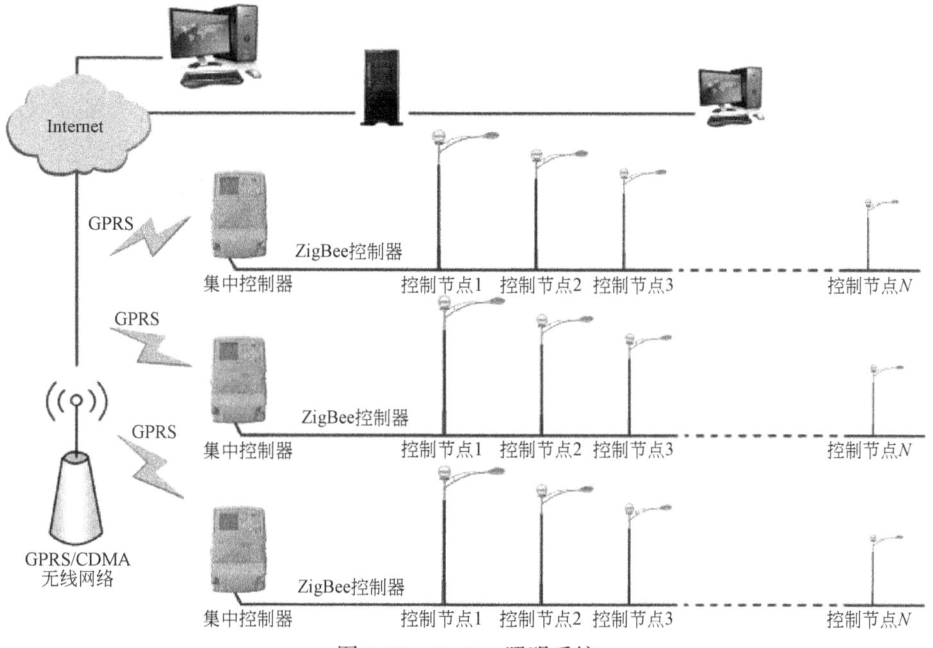

图 5-26　ZigBee 照明系统

资料来源：http：//www. elecfans. com/led/ledzhaoming/344170. html？1401083744

如图5-27（Control4，2013）所示，Zigbee支持星形、树形和网状三种不同的网络拓扑结构，其中最简单和最常用的是星形结构。网状结构能够支持更多的节点和更高的可靠性，当网络中的某条路径出现问题时，信息可以选择其他可用的路径进行传输。而树形网络是星形和网状的结合。

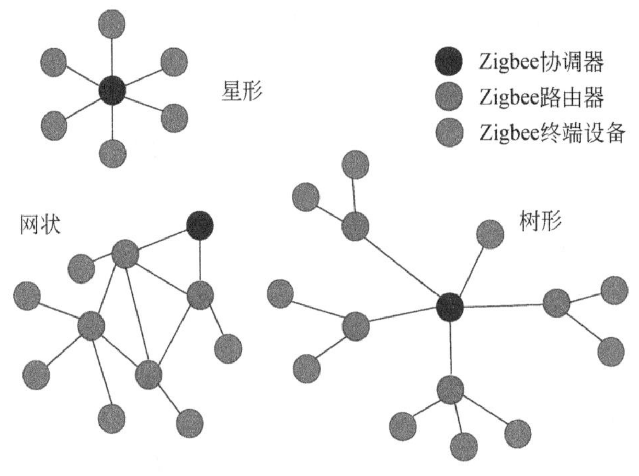

图5-27　Zigbee网络的拓扑结构及设备示意图

6. 蓝牙

蓝牙是一种低功耗、低成本、高速率、近距离的无线通信技术，以及主要应用在笔记本电脑、手机、平板电脑、移动数码电子产品之间的无线数据传输服务。1994年由爱立信公司推出，现在由蓝牙技术联盟（SIG）管理，蓝牙技术联盟已经有超过30 000个会员公司，涉及计算机、网络、物联网、智能家居、电信和移动电子等领域的产品。蓝牙不是一个免费的开放协议，使用需缴纳一定的费用，这增加了它的应用成本。蓝牙功耗低，工作状态下发射功率仅1mW，辐射小，不会对人体造成危害。数据传输采用调频技术，增强了蓝牙的抗干扰能力，数据被划分成数据包进行发送，传输速率快，稳定性也要比其他无线通信好很多。蓝牙还有一大优势就是全球标准统一，新版本都能兼容所有旧版本，“即插即用”使得蓝牙设备之间只要搜索匹配就能建立连接，设备间互操作性灵活，在室内无线网络、物联网、智能家居和智能照明领域应用潜力巨大。

蓝牙使用的是工业、科学和医学用的ISM①2.4 GHz免费频段，采用跳频技术，将数据划分成数据包后，通过79个频道进行传输。早期蓝牙1.0版本的数

① ISM（industrial scientific medical）频段主要是开放结工业、科学、医学三个主要机构使用，属于免费协议，无需授权许可，只需遵守一定的发射功率（一般低于1W），并且不要对其他频段造成干扰即可。

据传输速率为 1 Mbit/s，通信距离大约为 1m，仅支持一对一的连接。1.1 版本扩展为一对多，能与一个微微网中的 7 个设备连接，但往往很多设备难以达到这一最大值。蓝牙 3.0+HS 将数据传输速率提升到了 24 Mbit/s，通信距离在 10m 以内，通过提高发射功率，通信距离可以达到 100m。蓝牙 4.1 标准提升蓝牙组网能力，增加了 IP（互联网协议）连接频道。最新的蓝牙 5.0 主要适应物联网（IoT）应用而推出，传输速度上限达 24 Mbps，是蓝牙 4.2LE 版本的 2 倍，通信距离提升到了 300m，将支持更多物联网设备，带给人们全新的物联网体验。同时支持无匹配下接收信标信息，如广告、Beacon（信标）、位置感知等，可用于室内定位、商品信息、广告、智能照明等的控制。蓝牙 5.0 新标准的发布将对 Zigbee 技术在物联网、智能家居、智能照明等领域的应用发起挑战。从通信距离和功耗考虑，蓝牙 4.1 更有优势，但目前市场主流的产品仍然采用蓝牙 4.0 的较多。蓝牙 5.0 和蓝牙 Mesh 技术的推出，将成为蓝牙技术的变革点。表 5-6 是蓝牙各个版本的对比。

表 5-6　蓝牙各个版本的对比

版本	1.0	3.0	4.0	4.1	4.2	5.0
发布时间	1999 年	2009 年	2010 年	2013 年	2014 年	2016 ~ 2017 年
传输速度	1 Mbit/s	24 Mbps	24 Mbps	—	12 Mbps	24 Mbps
通信距离	1m	10m	100m	100m	100m	300m
特点	—	1）更高的数据传输速率；2）增强电源控制；3）降低空闲功耗	1）低功耗；加强设备兼容性；2）降低延迟；3）支持省电	1）减少其他信号的干扰；2）支持一对一连接；3）支持多连一	1）改善隐私保护；2）实现 IP 连接；3）传输速度提高 2.5 倍；4）可容纳量增加 10 倍；5）支持多设备连接	1）低功耗；2）4 倍通信距离；3）2 倍传输速度；4）8 倍传输量；5）室内定位功能
应用	—	高清电视、笔记本、打印机	手机、平板电脑	蓝牙耳机	可穿戴设备多媒体	物联网、智能家居、智能照明

Wi-Fi 主要用于移动电子设备与有线互联网之间的无线通信，属于无线局域网络。蓝牙更多用于移动电子设备之间的无线数据传输，属于无线个域网络。蓝牙的移动性要比 Wi-Fi 好很多，Wi-Fi 局限于无线局域网覆盖范围内。Wi-Fi 通过无线路由器为接入点与有线互联网形成一种非对称的一点对多点的连接，最近新的 Wi-Fi 协议也支持点对点功能。早期的蓝牙通过两个设备近距离的匹配建立点

对点的对称连接，最新的Mesh技术使得蓝牙也能建立多点对多点的网格拓扑结构。Mesh技术和Zigbee相似，理论上传输距离和连接设备数量不受限制。蓝牙Mesh网络可以组成65 000个节点，节点之间不需连接就可以相互通信，芯片带中继功能使得信号可以传输更远。Mesh技术克服了蓝牙穿墙能力差的缺点，提升了蓝牙组网能力，从而有能力去替代Zigbee，拓展了蓝牙的应用前景。

随着蓝牙协议的不断更新，支持更高的传输速率、更稳定性能及更低功耗，未来将成为室内家居、小型办公室的无线局域网和无线个域网构建优先考虑的通信技术，同时在智能照明通信系统中也将会有更光明的应用前景。

7. GPRS技术

GPRS（general packet radio service）由欧洲电信标准协会（ETSI）推出，以全球移动通信系统（GSM）为基础，加入了支持高速分组交换数据技术，以“分组”的形式进行数据传输，可以满足移动通信和数据通信对音视频数据传输的要求。GPRS属于2.5G网络，是2G到3G的一个过渡技术，它能够提供终端到终端和区域内的无线IP网络接入。

GPRS网络最大的特点就是实时在线，这可以保证终端设备与互联网保持实时连接，有效解决用户使用GSM网络上网经常掉线的问题，并且采用流量计费方式，大大降低了服务成本，在远程无线通信领域有着广泛的应用。

GPRS技术的优势如下。

1）传输速率快。GSM网络传输速度为9.6 Kbps，GPRS支持4种编码模式，采用多时隙同时传输技术，数据传输速度达到了115 Kbps，是GSM的10倍。能够稳定传输大容量音视频文件。

2）实时在线网络连接。GPRS采用分组发送和接收数据，网络连接时间短，空闲时段自动释放无线频道，并不断开网络而是保持逻辑上的连接，方便快速恢复。

3）按流量计费，费用低。

4）支持GSM无线网络覆盖，减少搭建成本，资源利用率高。随着智能照明技术在室内和室外照明中的普及应用，传统智能照明控制系统仍以分散控制为主，不能进行统一管理。近年来随着城市化的快速发展，城市照明系统出现了很多新特点，如照明系统的组成单元增多、照明系统控制区域规模变大等。传统的总线和光纤控制系统仅适用于封闭的小区域组网，对于远距离、大范围智能照明控制系统，GPRS通信技术能够满足要求。

8. Wi-Fi

Wi-Fi（wireless fidelity）是一种近距离无线网络通信技术，满足IEEE802.11

标准，使用2.4G UHF 或5G SHF ISM 频段。Wi-Fi 能够为处于 WLAN 范围内的电子设备提供宽带互联网服务，如手机、平板电脑、笔记本电脑等。它的特点是传输速度非常快，达到54 Mbps；可靠性高，连接到互联网通常有密码保护；兼容性好，组网灵活；可移动性好，任何有 Wi-Fi 的地方，移动设备都能随时接入。室内通信距离大约为76～122m，室外通信距离可达到305m。缺点是功耗较高；节点容量有限，一般只支持15 个；比较容易受到微波和蓝牙信号的干扰。

1997 年第一代 Wi-Fi 标准 IEEE802.11 提出，无线局域网络很快在许多领域应用。近几年来，移动互联网发展迅速，无线局域网络面临大数据、高速率传输要求，Wi-Fi 标准经历了几代的更新，以适应在物联网和智能家居的应用。1999 年推出第二代 IEEE802.11a、IEEE802.11b 标准，IEEE802.11b 以成本低、性能稳定、技术成熟，成为主流的 Wi-Fi 技术。IEEE802.11a 物理层采用 OFDM 架构，数据传输速率达到54 Mbit/s。2009 年推出的IEEE802.11n 物理层采用 MIMO 架构，物理速率发生了跨越式的提高，传输速率达到300 Mbps，实现了 Wi-Fi 高速率传输，并且超过了其他无线网络。近几年新 Wi-Fi 标准 IEEE 802.11ac、802.11ad、802.11ah 相继提出，在速度、可靠性、覆盖范围等方面有大幅度提升，以便支持更多设备、更大范围的覆盖、更快速度的享受。802.11ad 使用 60 GHz 频段，传输速率高达7 Gbps，支持无线高清音视频信号的传输。表5-7 给出了 802.11 主要的标准性能及采用技术比较。

表 5-7　802.11 主要的标准性能及采用技术比较

版本	802.11	802.11b	802.11g	802.11ad
发布时间	1997 年	1999 年	2003 年	2012 年 12 月（草案）
使用频段	2.4GHZ	2.4GHZ	2.4GHZ	60GHz
最高速率	2Mbps	11Mbps	54Mbps	7Gbps
兼容性	—	不兼容 802.11a	兼容 802.11b 与 802.11a	—
传输距离	100m	100～300m	150m	—
业务	数据	图像、数据	语音、图像、数据	无线高清音视频信号的传输
物理层	—	OFDM	CCK、OFDM、FBCC	—
优点	—	成本低、工作稳定、技术成熟	传输速率高	高速无线传输
缺点	—	速率低、频率干扰大	—	绕射能力差，信号衰减厉害，传输距离短
使用情况	很少	广泛使用	发展潜力较大	—
认证	—	WECA（Wi-Fi）	—	—

Wi-Fi 技术广泛应用于智能家居领域，移动设备往往也是智能家居的控制终端之一，用户使用移动设备通过 Wi-Fi 连接互联网，就可以对家里的电器、灯具、监控等设备进行远程智能化控制。随着以 Wi-Fi 无线网络为基础的智能照明的应用，通过移动设备可以方便地对照明光源进行远程数据的监测和近距离实时的调光等。随着 Wi-Fi 新标准提出和普及，基于 Wi-Fi 技术的智能照明系统将得到进一步的普及应用。

5.2.3 调光技术

目前，许多照明系统存在“长明灯”现象，不仅造成电能的严重浪费，同时也减少了灯具的使用寿命。调光技术通过改变灯具的输入电流或电压，来调节灯的发光通量和照度（徐钦经，2005）。调光技术可分为模拟调光和数字调光两大类（Mei，et al.，2003）。模拟调光直接改变电流大小，成本低，容易实现，但线性度差，通常用于白炽灯、荧光灯调光；而数字调光则通过改变开关的占空比，可以很精细地调节光通量，用于 LED 调光有很大的优势（张昊程，2012）。通过调光可以变换不同的灯光场景，给人们的家居生活营造一个舒适的环境，也能够达到节能减排的目的。调光技术已经在许多场合应用，如城市道路照明、城市夜景照明、智能家居照明、舞台、展馆、植物照明等（Chory，1997）。智能照明中常用的调光技术主要有线性调光、MOS 晶体管调光、可控硅调光和脉冲宽度调制（PWM）调光等，这些调光方式各有优势。

1. 线性调光

线性调光是基于分流（分压）原理，通过在电路中接入线性元件，利用线性元件与电流（分压）的关系来调节灯的输入电流（分压），达到调光的效果。如图 5-28 所示，线性调光结构简单，不会对电路造成干扰，缺点是效率低，灵

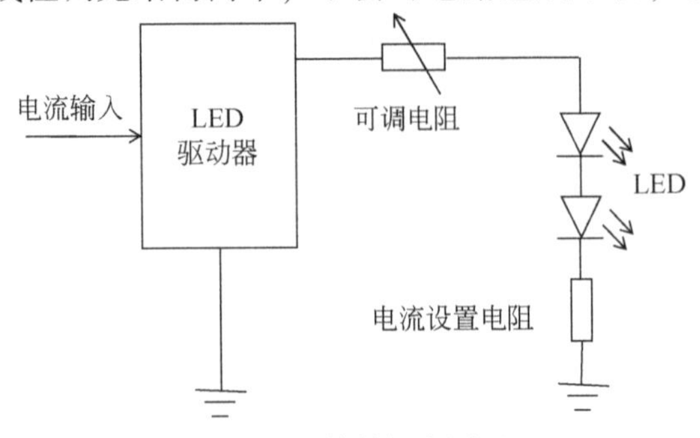

图 5-28　线性调光原理

资料来源：http：//www.cali-light.com/b2b/down/show-htm-itemid-7176.html

活性差。例如，串联电阻调光，这种方法电阻容易发热，达不到节能要求；变压器调光成本高。

2. 可控硅调光

1962 年英国首次使用可控硅控制照明灯具进行调光。可控硅调光器（silicon controlled rectifier，SCR）是一种固态的半导体电子器件，相比于遮光器、变阻器、自耦变压器等早期的照明调光器而言，具有体积小、质量轻、效率高、调光功率范围宽、稳定性好、控制方便等诸多优点，常用于控制白炽灯、节能灯的调光。

可控硅调光是通过对输入电压进行斩波处理，减少输出电压的有效值，从而减少光源上的功率。可控硅有单向和双向两种类型。如图 5-29（a）所示，单向可控硅的三个引脚分别为阳极 A、阴极 K、控制极 G，只允许单向导电。如图 5-29（b）所示，双向可控硅允许双向导电，也有三个引脚，分别为第一阳极 T1、第二阳极 T2 及控制极 G。可控硅调光器中通常使用的是双向可控硅，以使交流电的正负半周都能导通。

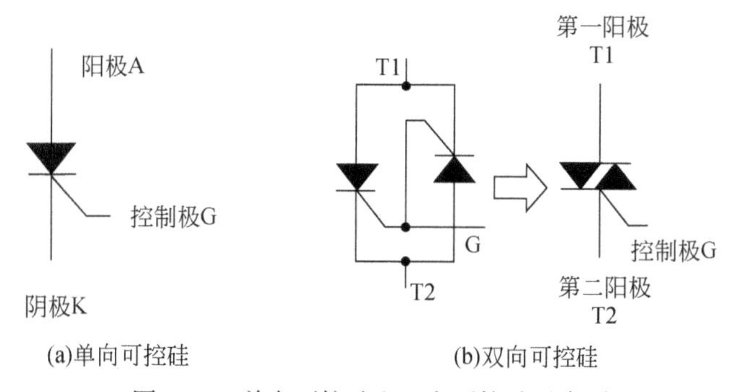

(a)单向可控硅　　(b)双向可控硅

图 5-29　单向可控硅和双向可控硅示意图

可控硅是一种半控型的开关，当阳极 A 到阴极 K 之间加正向电压时，控制极 G 可以控制可控硅的导通，但不能控制其关断。在阳极 A 到阴极 K 之间有正向电压时，只要在控制极 G 上加上很小的触发信号，就能够触发可控硅导通，并允许在阳极 A 和阴极 K 之间流过很大的电流。然而一旦导通之后，控制极就不再起作用，不论控制极有无控制电压，它都将继续保持导通状态。只有当通过阳极 A 和阴极 K 的电流小于某一较小的维持电流额定值时，或在阳极 A 和阴极 K 上加反向电压时，才能使可控硅关断。对于单向可控硅而言，其导通和关断的条件见表 5-8（阳云霄，2014）。双向可控硅的工作原理与单向可控硅基本相同，只需把双向可控硅当成是两个单向可控硅的反向并联组合进行分析即可：在 T1

电压大于 T2 电压时，双向可控硅相当于一个 T1 为阳极，T2 为阴极的单向可控硅（正向可控硅），因为此时反向并联的另外一个单向可控硅是截止的。当 T1 电压小于 T2 电压时，双向可控硅相当于一个 T2 为阳极，T1 为阴极的单向可控硅（反向可控硅），如图 5-29（b）所示。从而双向可控硅可以通过交流电的正负半周，并且对交流电的正负半周都可以进行控制。而单向可控硅只能通过交流电的正半周（或负半周）[并只能对交流电的正半周（或负半周）] 进行控制。可控硅器件根据电流容量可分为小功率可控硅和大功率可控硅，小功率可控硅的电流容量小于 5A，大功率可控硅的电流容量高于 50A。

表 5-8　单向可控硅导通和关断条件

状态	条件	说明
从关断到导通	1）$U_A>U_K$ 2）控制极有足够的正向触发电压和电流	同时满足
维持导通	1）$U_A>U_K$ 2）阳极电流大于维持电流	同时满足
从导通到关断	1）$U_A<U_K$ 2）阳极电流小于维持电流	满足其一

可控硅调光器电路简单、成本低廉，但输出电压波形在触发点处会发生前沿跳变，电压从 0 直接变为输入值。当可控硅调光器应用于卤素灯电子变压器、一体化自镇流灯等电容性负载时，在可控硅导通瞬间，由于电容电压不能突变，会产生峰值很高的浪涌电流，如图 5-30 所示（王晓，2000）。这种浪涌电流会产生严重的电磁干扰及噪声，当大量电容性负载集中调光时，还会严重破坏电网的电能质量，甚至会导致电气设备的损坏。

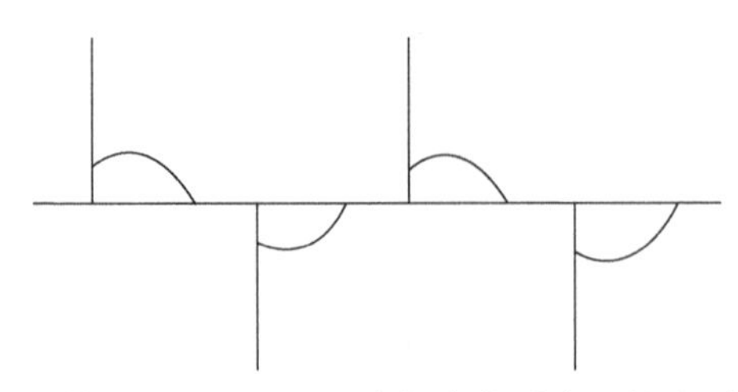

图 5-30　可控硅调光器用于电容性负载时产生的浪涌电流波形

3. MOS 晶体管调光

MOS 晶体管调光器除了具有可控硅调光器的优点外，还有一个特点是其后沿相位控制（trailing edge phase control）可以代替可控硅的前沿相位控制，从而能够很好地适应类似电子镇流器或电子变压器的电容性负载灯具的调光（Christiansen and Benedetti，1983）。

MOS 晶体管调光器的开关次序刚好与前沿相位控制相反，其输出电压波形如图 5-31 所示。MOS 晶体管调光器输出电压比较平滑，所以大幅度降低了浪涌电流、电磁干扰和噪声，这种调光器适用于一些输入阻抗呈容性的负载。但是，后沿相位控制调光器不可用于呈电感性的负载。同时，电感释放出的能量得不到利用，降低了系统效率，也容易使一些器件发热。

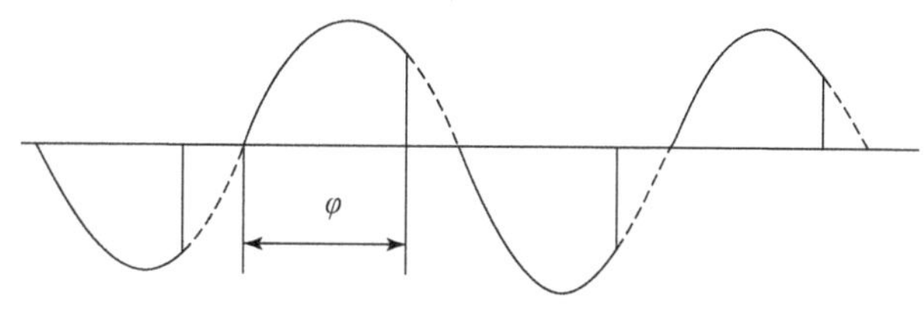

图 5-31　MOS 晶体管调光输出电压波形

4. 脉冲宽度调制（PWM）调光

脉冲宽度调制（pulse width modulation，PWM）调光最早用于直流电源和钨丝灯泡等线性负载，在目前新兴的 LED 照明调光中也有着广泛的应用。PWM 调制是通过控制开关器件在每个周期中的导通和截止时间，即通过改变占空比来调节输出电压或电流，同时也考虑了人眼对高频闪烁光不敏感的特点，从而实现调光控制。PWM 调光器的工作电路如图 5-32 所示。

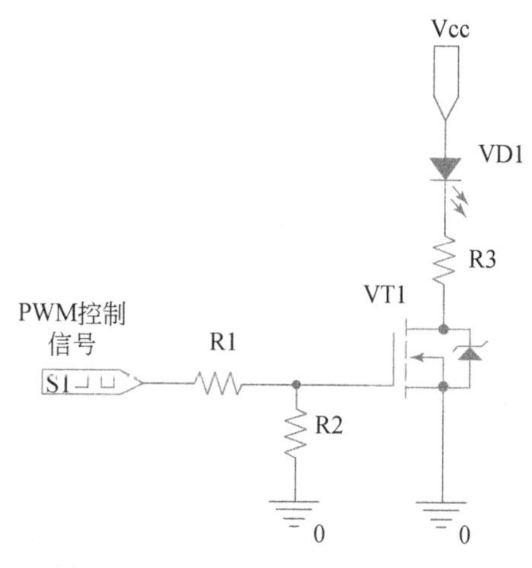

图 5-32　PWM 调光器的工作电路图

PWM 控制信号加载在开关器件上，控制开关器件按一定的频率快速开关。当 PWM 控制信号处于高电平状态时开关器件导通，此时有电流输出；而当 PWM 控制信号处于低电平状态时开关器件截止，此时没有电流输出。如图 5-28 所示（茅于海，2011），t_{ON}是指脉冲宽度，即 PWM 控制信号在一个控制周期中的导通时间（高电平持续的时间），t_{PWM}，即 PWM 控制信号的周期 D（$D=t_{ON}/t_{PWM}$），即 PWM 控制信号的占空比（duty cycle），表示在一个控制周期中导通时间所占的比例。图 5-33 还显示了在不同的占空比（$D=50\%$、30%、25%、12.5%、6.25%）下 PWM 控制信号的波形、PWM 调光的输出电流 I_{PWM}以及相应的输出电流平均值 I_{avg}。输出电流平均值 $I_{avg}=D\times I_{MAX}$，其中，D 是 PWM 控制信号的占空比；I_{MAX}是指输入恒流源的电流幅值。因此，改变 PWM 控制信号的占空比 D 就可以改变输出电流的平均值，达到调节灯具的亮暗。

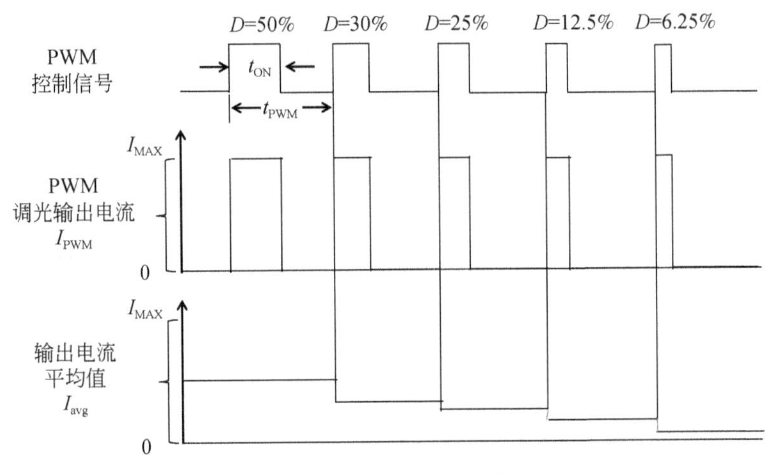

图 5-33 PWM 调光器的工作波形

PWM 调光可以达到较高的转换效率，调光线性度较好、精度较高、调光范围宽，不会发生闪烁现象。而且由于 PWM 调光的输出电流总是在满幅值电流 I_{MAX}或 0，这使得在对 LED 灯具进行调光时不会产生色温和色谱偏移。

5. 其他调光方式

目前在照明系统中还使用到的调光方式有光敏自动调光、分段式开关调光、脉冲调频（PFM）调光和脉冲调相调光等。光敏自动调光主要是利用光敏电阻对光照敏感的特点，能够根据光照的变化自动调节光源的亮度，如图 5-34 所示，根据室外的光线调节室内的光线，可以节省约 80% 的能源（孔文，2010）；分段式开关调光是利用开关设置的不同挡位进行调光；脉冲调频（PFM）调光原理是增大工作频率，使得电子整流器的阻抗增加，降低流过光源的电流，实现调光；脉冲调相调光的原理是通过调节逆变器，改变两个开关管的导通相位来实现调光的。这些调光方法都各有优缺点，应该要根据不同场合选用。

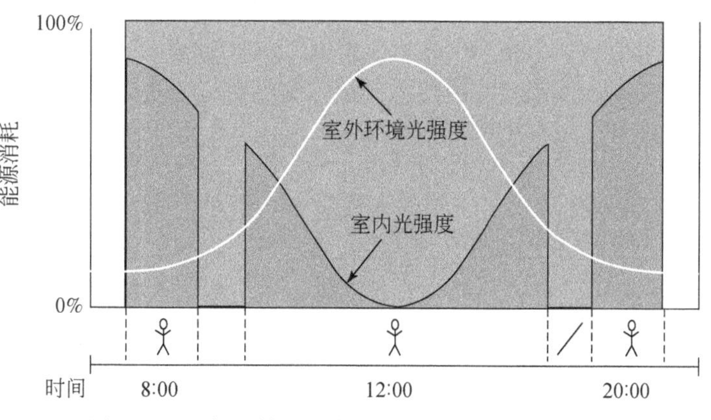

图 5-34　根据室外的光线调节室内光线的节能效果

5.3　太阳能离网照明

科技和社会的快速发展，进一步加剧了全球能源危机和环境污染的严峻形势，开发新能源，倡导可持续发展成为各国发展的重要任务。在众多新能源里，绿色清洁、无污染、可持续的太阳能无疑成为当前关注的焦点（Jacobson and Delucchi，2011）（Center，1999）。太阳能照明系统利用光伏电池把太阳辐射能转化为电能，用蓄电池存储，再给灯具供电。太阳能照明发展迅速，已经在许多场合应用，如太阳能路灯、太阳能交通信号灯、太阳能景观灯、太阳能手电筒、太阳能建筑照明系统等。太阳能离网照明的优势：①对于偏远地区，就地取电，方便灵活，免去铺设电网，节省成本；②脱离国家电网，减轻电网负荷，减少线路损耗；③光伏发电不消耗有限的化石能源，不会污染环境（Ma，et al.，2008）。随着技术的发展，太阳能照明将逐渐得到广泛应用。

5.3.1　太阳能

太阳能是指太阳内部向外释放出的辐射能。我们能从太阳光中感知到的光能和热能就属于太阳能。太阳能是地球上所有生命赖以生存的基本能源。

早在人类文明的起步阶段，我们的祖先就已经懂得合理地利用太阳能，如运用太阳光来烘烤果实、作物、晾晒衣服等。太阳光的能量孕育了地球上的生命，我们获得的食物、木材、石油、煤炭，归根结底也是转化自太阳能，不过是能量呈现的形式不同罢了。那太阳能又是如何产生的呢？其能量的源头又是什么？

其实，太阳是一个巨大的等离子气球体，如图 5-35 所示。其主要由氦和氢组成，其中氢约占 80%，氦约占 19%。太阳的内部发生着剧烈的核聚变反应，并由此产生大量的能量，其核心的温度高达 15 000 000 K，内部强烈的辐射被太阳表面的一层氢离子所吸收，吸收后的能量会以对流的形式进入到光球层，然后光球层又会把能量重新向外辐射。

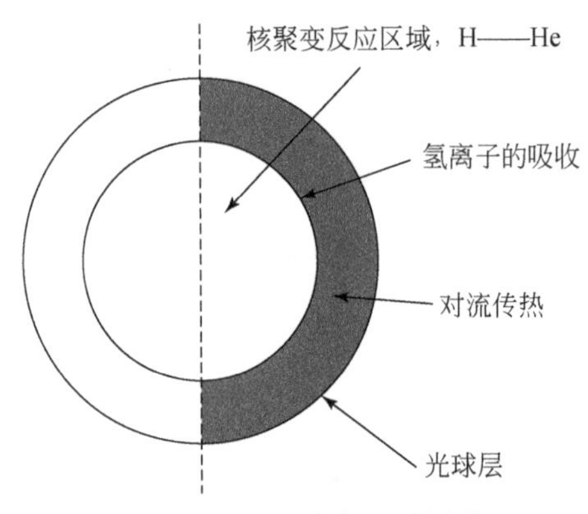

图 5-35 太阳内部区域划分

太阳这个庞大的炽热星体不停的以电磁波的形式向外释放出能量。太阳到达地球中心的平均距离为 1.496×10^{11} m，地球大气圈外的太阳光强度可达到 1.38 kW/m^2，可以估算出太阳光照射在大气层顶的辐射功率为 $P_S=1.776\times10^{17}$ W，由于受到地球大气层的吸收和散射，能到达地球表面的太阳光能量只占太阳总辐射能量的 20 亿分之一。经过进一步的推算可以得出，地球全年接受的辐射能量为 1.56×10^{18} kW · h。当然，我们不可能把地球周围的太阳辐射完全利用，但是这也至少表明人类对太阳能的开发利用还有很大的发展空间。据科学家推测，太阳的寿命长达 100 多亿年，现在太阳正处于中年期。从目前的阶段到下一个阶段，即老年期的白矮星阶段，太阳还有几十亿年的寿命。人类文明到目前为止也不过七八千年的历史，因此太阳能几乎可以被认为是一种无限存在的资源。

太阳能是一种丰富的、洁净的、可持续的绿色能源，分布广泛，不受地域限制，因此使用起来非常方便。但是其缺点是能量密度低，易受气候条件影响，不能直接储存，夜间无法直接使用太阳能。以上所列出的太阳能的优缺点共同决定了其必将成为人类主要利用的自然资源，以及从目前到最终的成熟利用需要经历漫长的技术考验。

正如前面所言，太阳能不可以直接储存。因此，想要更充分的利用太阳能，就必须将太阳光能量转化为其他形式的能量来进行储存，如将太阳能转化为电能或者化学能等。光电转换、光热转换和光化学转换是比较常用的太阳能利用方式。光电转换是通过光电器件把光能转换成电能，如光伏发电（photovoltaics）。光热转换是通过反射、会聚的方式把太阳光能量转换成热能，如太阳能热水器。光化学转换是利用太阳光进行一些化学反应，从而把光能转换成化学能，如植物的光合作用。

5.3.2 太阳能发电原理

太阳光发电的历史可以追溯到 1800 年。当时伯克利氏发现对某种半导体材料照射光之后，会引起该材料的电流-电压曲线发生改变。细心的他发现了这个变化，经过进一步的实验观察，其发现了这种材料的光电效应，并最终以这种半导体材料制成了太阳能电池。

太阳能电池的原理是光电效应，它能把太阳光能量转化为电能的光电元件。太阳能电池的种类很多，相应的材料不尽相同。最常用的光伏材料是硅。硅是一种不导电的半导体材料，但是奇妙的是，只要在纯净的硅里进行一定掺杂之后，硅就会由不导电状态转变为导电状态。并且，随着掺杂含量的不同，硅的导电性也会产生差异。掺入不同的元素，硅就会产生不同的导电机制。例如，掺入ⅢA族的元素后，硅内就会产生电子空位，而如果在半导体材料两端加上偏压之后，电子就会流向这些空位，而流向这些空位的电子在流走后，会在原先的位置上留下另外一个空位，以此类推，从总体上看，这就等效于一些带了正电的电荷在硅中流动。我们把这种等效的正电荷称为空穴。空穴带正电。这种类型的掺杂称为 P（positive）型掺杂，经过 P 型掺杂的半导体称为 P 型半导体。而如果向半导体中掺入少量的ⅤA 族元素后，硅半导体内会产生大量相对自由的电子，当在硅材料的两端加上电压之后，这些自由电子可以自由导电，这样硅就由纯净的绝缘体硅变成了掺杂后的导体硅。同样的，这种类型的掺杂称为 N（negative）型掺杂，经过 N 型掺杂的半导体称为 N 型半导体。

太阳能电池内部结构就是一个 P-N 结，它由 P 型掺杂的半导体材料与 N 型掺杂的半导体材料结合而成。

太阳能电池工作原理如图 5-36 所示。当光线照射到太阳能电池的表面时，会有一部分光子被硅所吸收，硅原子的外层电子得到能量之后，会发生跃迁，若所得到的能量足够高，会摆脱硅原子的束缚而成为硅材料中的自由电子，同时会产生相应数量的空穴。在持续光照的情况下，会产生电流流过外部电路，并产生功率输出，这个过程实际上就是能量由光能转化为电能的过程。

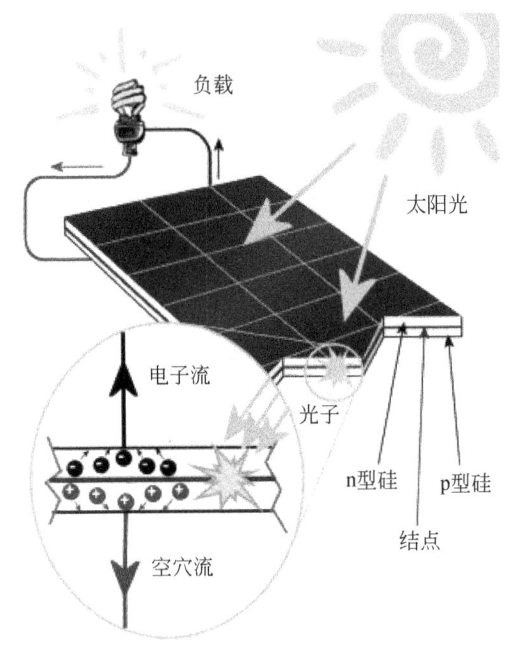

图 5-36　太阳能电池工作原理

5.3.3　太阳能照明系统

太阳能发电系统有三种类型，即并网式、离网式和分布式。并网式太阳能发电系统就是光伏电池所产生的电直接并入国家电网，通常系统中有一个逆变器，用于将光伏电池产生的直流电转换成与电网匹配的交流电，常见的有大型太阳能发电站。并网式太阳能发电系统由光伏阵列、并网逆变器、国家电网、控制器构成。如图 5-37 所示。

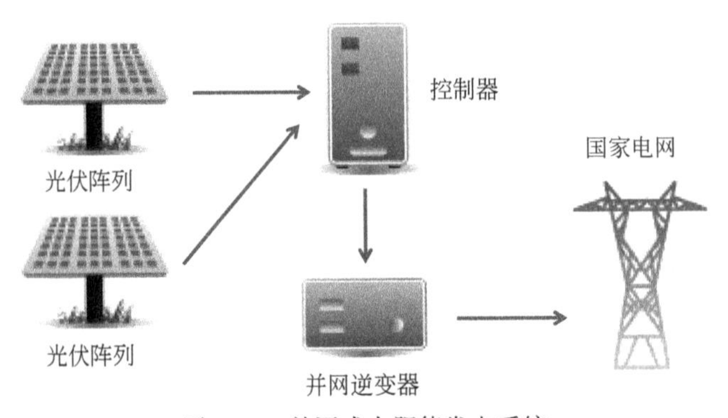

图 5-37　并网式太阳能发电系统

离网式太阳能发电系统就是光伏电池所产生的电直接供给负载使用或蓄电池存储，不与国家电网连接，系统比较独立，适用于偏远地区供电，以及户外移动供电（Bao，et al.，2012）。离网式太阳能发电系统由太阳能电池方阵、蓄电池、控制器、逆变器、交流负载和直流负载构成，如图 5-38 所示。

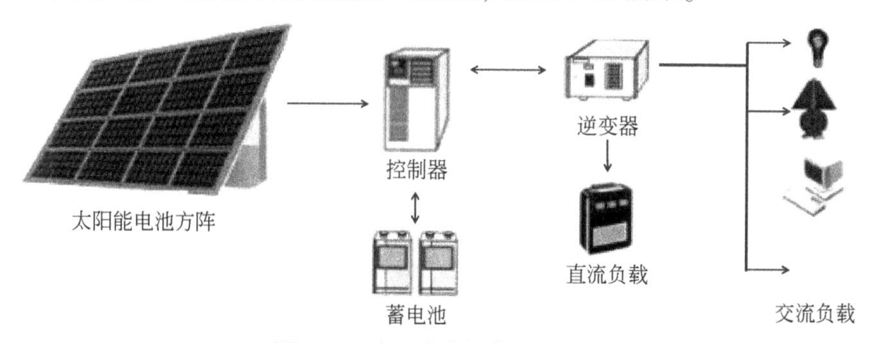

图 5-38　离网式太阳能发电系统

资料来源：http：//www. megasolar-energy. cn/index. php？_ m=mod_ static&_ a=view&sc_ id=22

分布式太阳能发电系统是并网式和离网式的结合，如家居光伏系统规模较小，除了供给家用外，多余的电量可以并入电网产生收益。分布式太阳能发电系统由光伏电池板、直流汇流箱、直流配电柜、并网逆变器、交流配电柜、负载、公共电网、控制器等组成，如图 5-39 所示。

图 5-39　分布式太阳能发电系统

资料来源：http：//www. 3teng. cn/goods-45. html？from=rss

太阳能离网照明系统主要是通过光伏电池把光能转化为电能，电能通过蓄电池进行存储，等到夜间无阳光时，再由蓄电池给照明系统供电。太阳能离网照明系统涉及光伏发电、蓄电池存储控制、照明光源等技术。太阳能离网照明系统如图 5-40 所示。

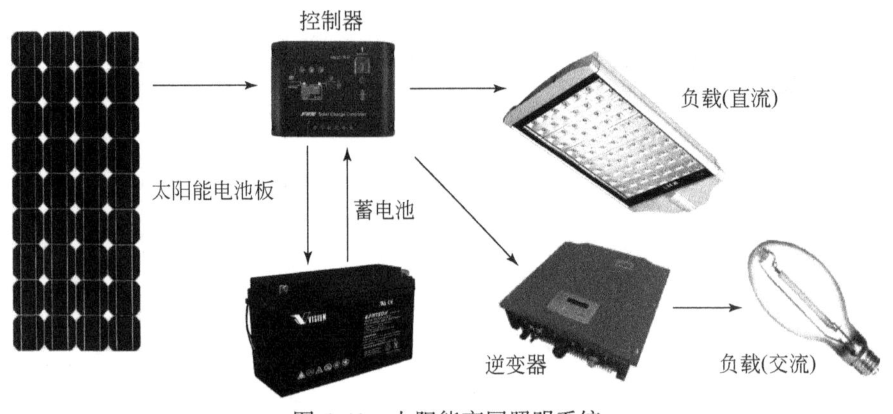

图 5-40　太阳能离网照明系统

太阳能离网照明系统由以下几个部分构成。

(1) 太阳能电池板

太阳能电池板是光电转换单元，也是光伏发电系统中最核心的部分。通常太阳能发电或照明系统往往由许多太阳能电池板经过串、并联组成阵列，提高系统输出功率。从材料上，光伏电池可以分为单晶硅太阳能电池、多晶硅太阳能电池、薄膜太阳能电池、染料太阳能电池、有机太阳能电池和微晶硅太阳能电池等。从结构上，光伏电池又分为同质结太阳电池、异质结太阳电池、肖特基太阳电池和量子点太阳电池。表 5-9 列出了太阳能电池的类型及特性（陈博，2015）。

表 5-9　太阳能电池的类型及特性

类型	单晶硅	多晶硅	非晶硅
转换效率	15% ~24%	12% ~16%	6% ~10%
使用寿命	15 ~20 年	15 ~20 年	5 ~10 年
平均价格	昂贵	较贵	较便宜
稳定性	好	好	差（会衰减）
颜色	黑色	深蓝	棕
优点	体积相对较小，稳定性好，转换效率高	成本控制较低，稳定性好	对于弱光下性能控制好，成本低，重量轻
缺点	相对成本最高	转化效率较低	转换效率最低，不稳定，存在衰减

经过几十年的发展，单晶硅光伏电池的转换效率到达了16%～20%，多晶硅光伏电池的效率到达了14%～16%，这两种材料仍是主流的光伏电池材料。虽然电池成本有所降低，由于材料本身的价格以及电池生产工艺的复杂性等原因，使得太阳能发电成本要比传统的发电方式还要高。

(2) 蓄电池

蓄电池是太阳能离网发电系统中能量的存储和供给装置。太阳光强随着天气情况以及太阳的相对位置而变化。阴雨天时，太阳光的辐照情况会大大低于晴天，且早晚时段的阳光的强度也会大大低于中午。由于太阳光照的不稳定性，导致了太阳能电池板的输出电压会很不稳定，如果直接将负载与太阳能电池板的两侧相接，那么就会导致负载的供电情况非常不稳定，会使负载被烧坏，而且造成能源的浪费。使用太阳能照明系统通常都是夜间使用，此时没有太阳光，因此需要储能蓄电池进行供电。通常蓄电池是整个光伏发电系统中损耗最多的部分，一般太阳能电池板的寿命可达15～20年，而蓄电池的寿命往往只有几年。蓄电池容量需要结合当地气候数据、系统的负载使用情况等综合计算得到，以保障在阴雨天气和夜间照明可以使用的电能存储量。在光伏发电系统中最常用的是铅酸蓄电池。

(3) 控制器

控制器是太阳能发电系统实现自动控制的设备，它的作用是控制太阳能电池给蓄电池充电和蓄电池给负载供电。它将太阳能电池与负载连接起来，提高效率，保证了系统稳定、有效的运行。太阳能控制器可以检测蓄电池电压的高低，自动调节充放电电流大小，并自定控制负载的通断电，也使蓄电池在有光照时保持在电量饱和状态，防止蓄电池的过度充电，同时它还可以防止蓄电池的过度放电，防止在夜间时，蓄电池向太阳能板反向地充电。

控制器是太阳能照明系统实现自动控制管理的核心部分。通常要加入恒流源或限流电阻使LED灯进行恒流或者限流。但是在光伏LED系统中，由于太阳光发电的数量有限，因此我们希望负载的耗电量越小越好，可是外加一个恒流源，会增加灯所消耗的功率。有的控制器兼具了恒流源的作用。它可以实时监测各部件的电学参数，实时调剂工作情况，因此提高了稳定性，降低功耗。

控制器还有定时的功能。有时候我们并不需要负载一直工作在同一种工作状态下。在夜晚的前半夜，人流量较多时，使LED路灯工作在全亮的状态。而在后半夜，如零点到六点的时候，人流、车流量较少，于是可以调暗LED灯，这就是半工作状态。市面上通用的控制器有双时段和三时段功能，根据每个客户自己的需求，可以任意调节设置。先进的控制器中有简单的通讯模块，可以使路灯实现通信、数据采集和监测功能。这可以实现对某片区的多盏路灯进行集中监视与控制，实时采集光伏照明系统的工作状态，获得详细的历史数据，为评价路灯系统提供了准确而充分的依据。

控制器另一个非常重要的功能是最大功率点追踪（maximum power point tracking），即通过实时监测光伏电池板的发电电压和电流变化，并追踪最大输出功率点，提高太阳能电池的发电效率。太阳能电池的输出电压、电流、功率都受到日照强度、电池温度和环境温度变化的影响，是非线性的，太阳能电池的最大功率点也时刻在变化。最大功率点追踪原理是采用电压扰动法，通过实时控制太阳能电池的输出电压、电流，并检测输出功率，对比几次调节的输出功率值来找到最大功率点。使太阳能电池保持最大功率输出，可以最大限度地利用太阳光资源。

（4）逆变器

在光伏发电系统中，逆变器可分为离网型和并网型。蓄电池输出的是直流电，而有些负载需要交流供电，逆变器的主要功能就是将蓄电池输出的直流电转变为交流电。每台逆变器都有输入电压的范围，在实际的使用过程中，要求选择蓄电池的电压必须与逆变器的直流输入电压一致，另外逆变器的输出功率必须高于负载的使用功率，以保有余量。

（5）负载

负载可分为直流负载和交流负载。在太阳能照明系统中，通常都采用直流负载 LED 作为光源。LED 是直流低压供电的光源，而太阳能电池直接发出的也是直流电，两者的结合是顺其自然的，不需要进行交直流电的相互转换，减少了驱动电源中的易损元器件，与太阳能和 LED 照明相结合的低压直流供电系统是建筑内供电发展的必然趋势。太阳能发电 LED 照明系统有很多优点，目前在很多城市街道的路灯和景观灯上已经开始使用太阳能发电 LED 照明系统替代传统的高压钠灯。

5.3.4 太阳能离网照明设计方案

这一节将以一个深圳市地区 24W 太阳能 LED 路灯系统为设计实例，讨论怎样设计一个太阳能离网式 LED 照明系统。

深圳市处于我国的南疆，位于东经 113°52′～114°21′，北纬 22°27′～22°39′，平均海拔为 70～120m，面积为 1996km^2，属于亚热带海洋性季风气候。参考 2015 年深圳市气候公报，查得 2015 年深圳全年总日照时数为 1964.3 h，平均日照时间为 5.4h，在全国范围内属于日照较为丰富的地区，适合发展光伏发电。现根据需求进行具体设计。

1. 光源的选择

在本设计中，我们将选用 24 颗 1W 的 LED 灯进行串并联来构成。另外作为道路照明的光源，建议选择色温较高的冷白或者正白，不仅因为冷光 LED 灯在中间视觉中有更高的光效，而且其中的蓝光谱线有利于驾驶员和行人在道路上集中注意力，减小交通事故的概率。

2. 太阳能电池板的选择

在目前常见的太阳能电池当中，转换效率最高的是第三代多节太阳能电池，效率可达到 40%，但是成本太高，仅在卫星和高倍聚光太阳能系统中采用。

目前所有第一代太阳能电池中单晶硅的转换效率最高，可达 15% ~20%，技术也最为成熟，单晶硅太阳能电池使用方便，寿命长达 15 ~ 20 年。多晶硅太阳能电池的转换效率为 12% ~16%，其寿命要比单晶硅稍短，但是由于售价要普遍低于单晶硅太阳能电池，因此也较为广泛应用。在第二代光伏电池中，薄膜太阳能电池的转换效率为 10% 左右，而且其性能不够稳定，长时间使用后转换效率会下降。在本设计案例中，选择 18V 60W 的单晶硅太阳能电池板，其参数见表 5-10。

表 5-10　18V 60W 的单晶硅太阳能电池板参数

功率	60W
工作电压	18V
工作电流	3.43A
开路电压	21.5V
短路电流	3.88A

单块的太阳能电池板的输出功率、电压、电流是很低的，尤其对于太阳辐射强度随着时间段是在时刻变化的，电池板发电参数的变化更为明显。因此，单块太阳能电池板往往不足以驱动一个常规的家用负载或给蓄电池充电。通常小型光伏发电系统、光伏电站等是由几十块甚至几百上千块的太阳能电池板通过合理的串并联组成的。多块太阳能电池板串并联提高了系统的输出功率、电压、电流，首先来确定下光伏组件的串并联数量。

太阳能电池板串联是为了提高输出电压，太阳能电池板串联数量 N_S 计算公式

$$N_S = \frac{U_R}{U_{OC}} = \frac{U_f + U_D + U_C}{U_{OC}} \tag{5-1}$$

式中，U_R为光伏系统输出最小电压；U_{OC}为单块太阳能电池板的工作电压；U_f为蓄电池浮充电压（取41V，参见第3小节）；U_D为二极管压降（取0.7V）；U_C为其他因素造成的电压差（取1V）。

那么，太阳能电池板串联数量

$$N_S = \frac{41V + 0.7V + 1V}{18V} = 2.37 \approx 3 \tag{5-2}$$

太阳能电池板并联是为了提高输出电流，太阳能电池板并联数量N_P计算公式

$$N_P = \frac{B_{cb} + N_w \times Q_L}{Q_P \times N_w} \tag{5-3}$$

式中，B_{cb}为连续阴雨天蓄电池额外预存的容量（取59Ah，参见第3小节）；N_w为两次连续阴雨天的间隔天数（取30天）；Q_L为负载每天消耗的功率，设计的负载的工作电流为0.7A，负载每天工作10个h，则负载的日平均耗电为7Ah；Q_P为单块太阳能电池板的日发电量，计算公式为

$$Q_P = I_{OC} \times H \times K_{OP} \times C_S \tag{5-4}$$

式中，I_{OC}为单块太阳能电池板的工作电流；H为平均日照时数（取5.4 h）；K_{OP}为斜面修正系数，通过气象部门所公布的数据可以查得所需地区的日均太阳辐射量约以及该地区的K_{op}值，表5-11列出了全国各地斜面修正系数（霍永涛，2010）；C_S为考虑了衰减、灰尘、充电效率等引起的损失的修正系数（取0.8）。

表5-11　全国各地斜面修正系数

K_{op}	地区
>1.14	黑龙江、内蒙古、吉林、宁夏、新疆哈密
1.08~1.14	辽宁、山西、青海、西藏、河北、新疆
1.02~1.08	山东、陕西、江苏南京、河南、甘肃、沈阳
0.96~1.02	山东烟台、陕西西安、新疆喀什、江苏
0.90~0.96	云南、湖北武汉、浙江、广东汕头
0.84~0.90	广东、江西、湖北、福建、海南、云南河口
0.78~0.84	广西、湖南
0.72~0.78	广西桂林、四川
<0.72	四川南充、达县、乐山、贵州遵义、重庆

那么，太阳能电池板并联数量

$$Q_P = 3.43A \times 5.4h \times 0.84 \times 0.8 \approx 12.5Ah \tag{5-5}$$

$$N_P = \frac{59Ah + 30 \times 7Ah}{12.5Ah \times 30} \approx 1 \tag{5-6}$$

当然所需太阳能电池板的总功率与当地的平均日照时间有关，与太阳能电池板的固定倾斜角、运行方式、表面清洁度、系统充放电效率等也有关。太阳能电池板的总功率为

$$P = P_0 \times N_S \times N_P \tag{5-7}$$

式中，P_0为单块太阳能电池板的输出功率。

那么，太阳能电池板的总输出功率为

$$P = 60\text{W} \times 3 \times 1 = 180\text{W} \tag{5-8}$$

根据本设计的实际需求，选择三块峰值功率为 60W，工作电压为 18V 的太阳能电池板进行串联，就能够满足本案例中所设计的照明系统电量需求。

3. 蓄电池容量的选择

蓄电池用作太阳能照明系统的电能存储部件，选择蓄电池的一般原则如下：①存储的电能要能满足照明系统夜间长时间照明；②白天日光充足时，尽可能存储更多电量；③存储的电能要能满足连续几天阴雨天期间照明系统的供电需求。因为蓄电池容量选择偏小的话，不能满足照明系统夜间需求。蓄电池容量选择偏大，日照不充足时，太阳能发电不能使蓄电池处于充满状态，处于亏电状态下容易减少寿命，造成能源浪费。总之，蓄电池容量的选择需要综合考虑太阳能电池板功率、LED 路灯功率、每天照明时间和阴雨天天数等相关因素，达到一个最佳匹配。一个经验关系是光伏电池组件的发电功率必须高于负载功率的 4 倍，才能保证系统正常工作。太阳能电池的电压要超过蓄电池电压的 20% ~30% 才能保证蓄电池的正常充放电。

蓄电池容量 BC 的计算公式为

$$\text{BC} = \frac{A \times Q_L \times N_L \times T_0}{\text{CC}} \tag{5-9}$$

式中，A 为安全系数，取 1.1 ~1.4；Q_L为负载的日平均耗电量，以电流乘以时间计算；N_L为最长连续阴雨天数；T_0为蓄电池的温度修正系数，一般大于 0℃时取 1.1，小于-10℃时取 1.2；CC 为蓄电池的放电深度，通常铅酸电池取 0.75，碱性的镍镉电池取 0.8。

在本设计中，安全系数取 $A=1.2$。设计的负载工作电流为 0.7A，负载每天工作 10h，则负载的日平均耗电为 7Ah。连续阴雨天数按 7 天计算，蓄电池的温度修正系数取 1.1，放电深度取 0.75，由此可以计算得到蓄电池的容量为 BC=（1.2×7Ah×7×1.1)/0.75=86.2 Ah。

本案例中选择三个 12V 30Ah 的阀控密封式铅酸蓄电池，就可以满足系统要求。

4. 控制器的选择

太阳能控制器在系统中主要是控制光伏组件对蓄电池充电和控制蓄电池给负载供电，充电电路具有防过充保护，放电电路具有防过放保护，能够延长蓄电池使用寿命，同时也能最大限度地维持太阳能发电系统处在最佳工作状态。

太阳能控制器的选择一般按照电流来标定，而电流主要看电池板的功率跟蓄电池电压之比和负载功率跟蓄电池电压之比，取较大的数值。例如，60 W 负载，100 W 电池板，蓄电池电压 12 V，则 60W/12V = 5 A，100W/12V = 8. 333 A，所以选择 12V 10A 的太阳能控制器。另外如果还需要其他的功能，如蓄电池没电但要保持工作可以选择市电互补控制器；如果需在前半夜全功率照明 5h，后半夜半功率，可以选择带半功率的控制器；如果需要从天黑亮到 0 点，0 点后自动关闭负载，凌晨 5 点又亮到天亮，可以选择双时段的控制器；如果系统有两个负载，想要实现单独控制，还可以选择双路控制器。

上述方案只是理论性分析，实际安装过程中还要综合考虑更多因素。除了各个部件的选择之外，还要考虑灯杆的稳定性、安全性、防震、防风、防雷击等。

5. 3. 5　工程实例

在全世界大力倡导节能减排的形势下，新能源行业发展迅速，尤其是太阳能发电和 LED 节能产品日渐成熟。在我国，许多地方都纷纷开展了太阳能发电 LED 路灯示范路（街）工程，有的除了采用太阳能供电外，还同时加上小型风能发电机，建立风光互补的照明系统。

根据中国光学光电子行业协会的统计数据可知，早在 2003 年，国内第一个太阳能发电 LED 路灯工程便在清华大学珠海科技园建成。整个工程由 41 支太阳能 LED 灯和 39 支草坪灯组成。其中太阳能 LED 路灯高 4. 1m，光源总功率为 6. 5W。根据珠海市的气象数据和日照分布，太阳能发电系统由两块功率 15W 的多晶硅太阳能电池板，铅酸电池容量为 12V 34Ah，以及最大电流 6 A 的充放电控制器组成。LED 路灯的亮度相当于 25 W 的白炽灯，在阴雨天气下可以连续工作 5 天。

无锡新区尚德广场的太阳能 LED 路灯设在尚德广场的沿线 500m 长的路边，共 36 套太阳能路灯，灯源为 80 W 的 LED，太阳能路灯照明系统利用蓄电池存储太阳能电池板在白天收集的电能，供 LED 灯在夜间照明使用，采用太阳能发电 LED 灯平均每月将节约 70% 的电量消耗。

2010 年，河北邢台的国家级光伏产业基地示范工程采用了 120 W LED 灯和单晶硅太阳能电池板，可以替代 250 W 的传统高压钠灯。以每天使用 12h 计算，年节省电量 150 万 kW · h，减少 CO_2排放 1000 余吨，减少硫排放近 10t。

2011 年底，全国第一条由太阳能发电的 LED 照明路灯在湖南长沙的岳麓大道的地下通道正式投入使用。该工程中，共在通道的四个出入口的雨篷上安装了 108 块高效太阳能电池板，总装机容量为 14 kW，为通道中的 88 根 LED 日光灯提供了照明电力，可以在连续 4 天下雨的情况正常工作。淡绿色的太阳能电池板安装在雨篷的中央，既能够源源不断地提高电力，又能够为城市的景观起到装饰和美化的作用。具有一定的推广意义。经过改造后，以往一个地下通道的电费可由每年 1. 5 万元减少到 1500 元。

全国很多城市如深圳、武汉、三亚、厦门都有类似的示范工程。相信随着太阳能与 LED 技术的不断改进，成本的不断降低以及人们思想观念的不断改变，太阳能离网式 LED 照明系统会得到更加广泛的普及应用。

思 考 题

1. 简述日光采集技术可以在哪些领域应用？请你设计一个使用日光采集技术的应用方案。

2. 在地下停车场中适合使用哪些传感器？它们起什么作用？

3. 你认为适用于智能照明的通信技术会趋于统一吗？

4. 你能结合现有的几种有线/无线通信技术构建一个智慧城市照明系统吗？比如城市路灯、建筑照明、城市景观灯、家居照明等。

5. 比较电力线载波和 Zigbee 在 LED 路灯应用中的优劣势。

6. 用太阳能电池发电，目前的投资回收期是多长？

参 考 文 献

陈博 . 2015. 离网光伏发电系统储能与逆变的应用研究 . 山东：齐鲁工业大学硕士学位论文 .

陈星扩 . 2003. 基于 LonWorks 现场总线技术电力参数远程监控系统的研究与实现 . 广州：广东工业大学硕士学位论文 .

董珀 . 2010. 智能照明控制系统及其新技术研究 . 上海：东华大学硕士学位论文 .

杜琼，周一届 . 2005. 电力线载波通信技术 . 华北电力技术，(2)：43-47.

冯为为 . 2016. 自然采光 无电照明——东方风光绿色建筑节能技术开启零碳未来 . 节能与环保，(1)：46-48.

霍永涛 . 2010. 光伏电能在城市路灯照明中的应用设计 . 山西：太原理工大学 .

季祺 . 2013. 日光照明理论分析及应用 . 现代建筑电气，4 (5)：38-44.

孔文 . 2010. LED 调光设计思考：可控硅 vs PWM. 集成电路应用，(11)：24-27

李涤非 . 2007. 让光穿过墙壁——透明混凝土即将应用为产品 . 照明设计，(3)：102-103.

梁人杰 . 2014. 智能照明控制技术发展现状与未来展望 . 照明工程学报，25 (2)：15-26.
刘艳 . 2009. 基于 LonWorks 的智能照明系统设计 . 南京：南京理工大学硕士学位论文 .
茅于海 . 2011. LED 的调光 . http：//www. hcsindex. org/news/view_ 4666. html [2011-01-18] .
王晓 . 2000. 可调光照明系统的相位控制调光 . 无锡轻工大学学报，19 (4)：407-409.
肖本强，党丹丹，张大权 . 2008. 基于 ZigBee 协议的远程抄表系统基站的设计 . 微计算机信息，(2)：140-141.
徐钦经 . 2005. 照明灯调光器技术和控制系统网络的发展 . 建筑电气，24 (3)：25-29.
颜重光 . 2011. LED 照明灯具与传感器技术 . 电子产品世界，18 (3)：45-47.
阳云霄 . 2014. LED 驱动芯片可控硅调光电路研究与设计 . 成都：电子科技大学硕士学位论文 .
佚名 . 2009. N 沟道耗尽型 MOSFET 的结构、特性曲线 . http：//www. elecfans. com/yuanqijian/mosfet/2009091691340. html [2009-09-16] .
查全芳，方廷勇 . 2015. 窗户尺寸影响室内采光的模拟研究 . 安徽建筑大学学报，23 (3)：62-66.
张昊程 . 2012. LED 调光方案及其驱动器设计 . 西安：西安电子科技大学硕士学位论文 .
张丽娜 . 2006. 图书馆的智能照明设计及其控制方法研究 . 长沙：湖南师范大学硕士学位论文 .
赵建平，肖辉乾，罗涛，等 . 2013. 建筑采光照明技术研究进展 . 建筑科学，29 (10)：48-54.
周怡窘，凌志浩，吴勤勤 . 2005. ZigBee 无线通信技术及其应用探讨 . 自动化仪表，26 (6)：5-9.
庄晓波，刘彦妍 . 2015. 智能照明综合评述和探讨 . 光源与照明，(1)：31-36
邹吉平 . 2005. 基于现场总线的智能照明控制系统分析与探讨 . 低压电器，(7)：19-22.
Bao R Q，Wu X L，Ma X F，et al. 2012. Engineering Experience of a Small-scale of Roof Off-grid PV Power System. Zhejiang Construction.
Center W R. 1999. Wind and Solar Power Systems.
Chory J. 1997. Light modulation of vegetative development. Plant Cell，9 (7)：1225-34.
Christiansen C F，Benedetti M. 1983. Power FET controlled dimmer for incandescent lamps. Industry Applications，IEEE Transactions on，(3)：323-327.
Control4. 2013. Zigbee 知识 . http：//www. control4. com. tw/980512/products/zigbee/ZigBee. pdf [2013-09-24] .
Hopkinson R G. 1962. Daylight Illumination. Nature，193 (4818)：815-816.
Jacobson M Z，Delucchi M A. 2011. Providing all global energy with wind，water，and solar power，Part I：Technologies，energy resources，quantities and areas of infrastructure，and materials. Energy Policy，39 (39)：1154-1169.
Lerche，Catharina M，Heerfordt，et al. 1995. Studies on the Measurement of the Daylight Illumination Intensities at the School Rooms. (5th Report) - in the Model School Room. Journal of Vascular Research，32 (2)：106-11.
Li W T. 2010. Optimized design of off-grid PV power system. Sun Energy.
Ma Y G，Zhang Y，Zeng L Q. 2008. Site selection for off-grid PV power stations in mountains and val-

leys. Solar & Renewable Energy Sources.

Mei W H, Chan K F, Sim D Y. 2003. Light modulation device and system: US, US6512625.

Miki M, Asayama E, Hiroyasu T. 2006. Intelligent Lighting System using Visible-Light Communication Technology. Cybernetics and Intelligent Systems, 2006 IEEE Conference on. 201-208.

Mueller H F O P, Gutjahr J P D. 1996. Daylight illumination device for building interior. DE4442228.

Neida B V, Manicria D, Tweed A. 2001. An analysis of the energy and cost savings potential of occupancy sensors for commercial lighting systems. Journal- Illuminating Engineering Society, 30 (2): 111-125.

Platts. 2004. Lighting: Occupancy Sensors. http: //www. reliant. com/en_ US/Platts/PDF/P_ PA_ 10. pdf [2004-09-24] .

Rutten A J F. 1990. Sky luminance measurements for design and control of indoor daylight illumination. Lighting Research & Technology, 22 (4): 189-192.

Su S. 2011. Intelligent Lighting Control Technology in the Application of a Youth Center. Electrical Engineering.

第6章　照明产品生命周期分析

6.1　产品生命周期分析

如果你是一个环保主义的提倡者，那么在平日的生活之中，你也许会面临着这样的一些思考：对于汽水的包装袋，应该选择用PET（聚对苯二甲酸乙二酯）塑料还是铝？日常生活中的购物袋，是选用纸质的还是塑料的？对于发动机而言，是选用酒精燃料还是汽油？洗澡的时候是该选用香皂还是沐浴露？洗碗用的清洁剂是该用碱性的还是中性的？家中灯具应该安装LED灯、荧光灯还是白炽灯？

如果要认真考虑这些问题，我们需要理解一个概念，那就是生命周期分析（life cycle assessment，life-cycle analysis，eco-balance 或者 cradle-to-grave analysis）（美国国家环境保护署，2012）。生命周期分析是一种分析方法，即当我们去评价某个产品对环境所造成的影响时，需要将产品的生产、使用以及废弃后的处理都考虑进去，如图6-1所示。生命周期涉及从原料的提取到材料的加工，产品的生

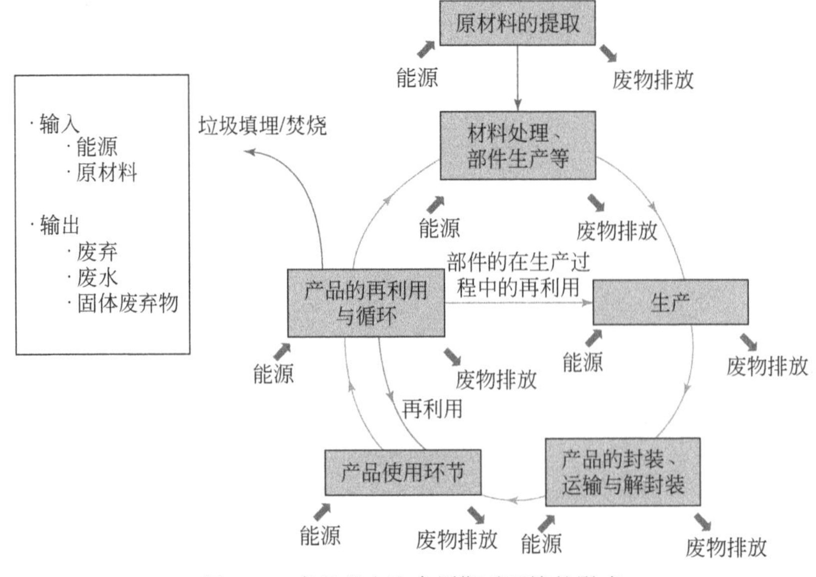

图6-1　产品整个生命周期对环境的影响

产、运输、存储、使用、维修，以及处理和回收等过程（刘泓伶，2010）。因为不同的产品在以上各个环节对环境造成的影响都不尽相同，我们在分析一个产品或者工艺对于环境的影响时，需要将以上的各个环节都加入我们的考虑之中，才能得到准确全面的分析结果（王尔镇，1999）。

生命周期分析的目标是对产品在从“摇篮”到“坟墓”的整个过程之中对环境造成的影响进行综合评价，从而对工艺的改进和政策的制定等等提供坚实的支撑依据。ISO 制定了 ISO 14040：2006（《环境管理——生命周期评价——原则与框架》）和 ISO 14044：2006（《环境管理——生命周期评价——要求和指南》）这两个标准，为生命周期分析提供了坚实的分析依据。

ISO 14040：2006 与 ISO 14044：2006 描述了生命周期分析的原则以及其框架：生命周期的评估包括目标与范畴界定、清单分析、生命周期影响评估以及生命周期阐释几个部分。除此之外，该 ISO 标准还描述了生命周期分析的局限性，生命周期分析各个阶段之间的关联性，生命周期分析报告的总结与评述，生命周期分析中的变量等。ISO 14040：2006 覆盖了生命周期分析与生命清单分析的内容，但是报告中并未涵盖技术细节，也没有对生命周期分析中每一个单独环节指定特定的方法。

目标与范畴界定是生命周期分析的起始部分，也是连接其余几个部分的框架，在该部分中明确其余三个部分的相互关系。这是生命周期分析中的主要部分，ISO 标准要求明确界定分析对象的范围以及分析的目标，并且需要同预期的运用保持一致性。目标与范畴界定包括以下几个方面：研究的最终目的、应用的意图、预期的交流对象、研究范围、研究范围的功能、系统的边界、数据的类型、输入输出初步选择准则以及数据质量要求，其中前四个尤为重要。

清单分析是整个评价周期的基础，对象包括水、能源、原材料、空气排放、污水的排放等。清单分析主要对在整个周期过程之中所需的原材料，以及过程之中所排放的污水、废弃物等进行一个量化分析的技术过程。其主要工作有数据的收集及确认、数据与功能单位、单元过程的关系、数据的合并与处理等。

生命周期影响评估是清单分析的延续步骤，其目标是根据清单分析所提供的原材料、能耗情况、排污数据的分析结果，对一些潜在的环境影响进行评估。这个过程实际上是对上一个过程进行定性或者定量排序，也是生命周期分析整个过程之中最为核心和难度最大的部分。

生命周期阐释根据清单分析以及生命周期影响评估的结果，对信息进行鉴别、量化、检查以及报告的过程。在这一部分，前两个部分的结果都得以总结。生命周期阐释的结果是一系列的结论以及建议。ISO 14040：2006 对这一部分量化到了每一个细节，如图 6-2 所示。这部分具有系统性、重复性等特点。

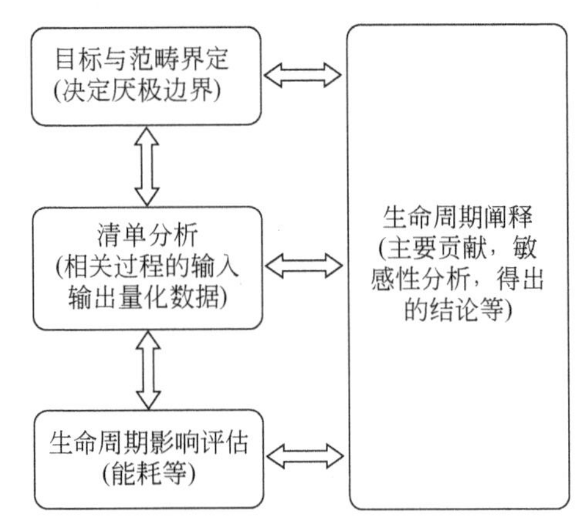

图 6-2　生命周期分析的各阶段（ISO 14040：2006 与 ISO 14044：2006）

在生命周期分析的过程之中，对环境造成伤害的被评价指标包括以下一些部分：全球变暖、毒性（包括空气、水、土地）、臭氧层的退化、酸雨、矿物质以及石油资源的损耗等。因数据量大，评价通常要通过专门的软件来进行。整个软件体系分为输入与输出部分等。输入部分的数据来源主要有研究调查结果或者一些既有数据库。

以下结合实例对生命周期分析进行进一步探讨。

第一步为制定我们的目标。这是非常关键的一步。制定目标又包含以下一些部分。

1）研究目标的差异性。对于生产同样的产品，不同的工厂会排放出不同量的废水或者废气，因此要尽可能地收集对环境造成影响的数据。除此之外，对于生产同一功能的物品，可以选择用不同的原材料，如对于可口可乐的包装材料，是用 PET 塑料好还是用铝质的好？要得出准确的结论，需要具体的收集和分析全面的数据。

2）数据收集与分析的准确性。如果结论用于制定公共政策，那我们的数据与分析需要有较高的精确性。但是若只用于一个公司的内部决策的话，一些合理的估计也能够达到目标。

3）关注比较结果的等价性。当我们比较两种不同的商品时，我们需要关注条件的等价性，如当我们比较是用肥皂洗手好还是用洗手液洗手好时，我们的比较应该建立在相同的洗手次数之下。

表 6-1 是一个产品评价矩阵范例，在对某件产品的评价过程中，我们需要依据上述矩阵的内容对该产品进行综合的评价。

表 6-1　产品评价矩阵

产品所处阶段	对环境的影响				
	材料	能耗	固体废弃物	液体废弃物	气体废弃物
原料提取					
生产					
封装与运输					
使用与消耗					
维护、回收与处置					

第二步是清单分析，其内容包括原材料的分析、耗能分析与废气排放物分析等。

1）材料的选择。材料选择的依据有该物质在地球上的储量，折损的速率以及毒性的强弱等。比较推荐的材料元素有 Al、Br、C、Fe、H、Mn、N、O、S、Si 和 Ti 等。这些元素在地球上面的储量比较丰富，便于回收利用。除此之外这些元素的毒性也不限制。有一些元素地球储量较少且毒性较强，是不推荐的，如 Ag、As、Au、Cd、Cl、Cr、Hg、Ni 和 Pb 等，在考虑原材料的时候应该尽量避免。

2）能耗分析。表 6-2 列出了生产不同金属过程中的能耗情况。

表 6-2　不同金属在生产过程中的能耗　　（单位：GJ/Mg）

金属	初级生产	二级生产
钢	31	9
铜	91	13
铝	270	17
锌	61	24
铅	39	9
钛	430	140

资料来源：Chapman and Roberts. 1983

3）废弃物分析。在产品的整个生产过程中都会产生伴废弃物，如在生产原料的制作过程中，都需要烧煤来获取能量。但是烧煤过程中会产生一些烟尘以及煤的残渣，这些都会对环境造成影响。另外产品的包装也会对环境造成很大的影响，尤其是现今很多产品的过度包装不仅浪费了宝贵的资源，而且还产生了大量的垃圾。在厂家制定生产方案以及政府部门制定政策时，问题会更加复杂，现在我们结合两个实例来进行分析。

案例一：包装袋材质的选择

表 6-3 对比了 1 个纸质与 2 个塑料包装袋的能耗和环境影响。这样比较是因为一个纸质包装袋的装载能力与两个塑料包装袋的装载能力相当。在大多数人的意识中，纸质的包装袋应该是更加耗能的，但实际情况是这样吗？从生产耗能方面来看，纸质的包装袋相对于塑料而言，有更高的能耗。并且纸质包装总的固体废弃物质量以及总的气体排放量都显著高于塑料的。但是生产纸质包装袋所所需的原料木材是可再生的，而生产塑料所用的原料石油却是不可再生的。而且在生产纸质包装袋过程中所排放的温室效应气体的总量也小于生产塑料包装。无论选择什么材质的包装袋都会对环境造成不同方面的影响，在决策过程中应该根据实际的情况进行综合判断。

表 6-3　生产一个纸质包装与两个塑料包装（同样的装载能力）对环境造成的影响

种类	纸质包装	塑料包装
原材料	木头（可再生）	石油（不可再生）
生产能耗	1. 7MJ	1. 5MJ
固体废弃物	50g	14g
总排放量	2. 6kg	1. 1kg
温室气体排放量	0. 23kg	0. 53kg

资料来源：Institute for Lifecycle Energy Analysis

案例二：NEC 公司生产的四款电子产品的各个环节对全球变暖造成的影响

对于图 6-3 中这四种不同的电子产品，我们是否应该采取相同的处理手段？废品回收对于这四种产品是否都是最环保的方式？从图 6-3 中我们可以清楚地看到，对于手机与台式机而言，产品的生产以及原料的准备阶段对环境造成的影响占最大部分。因此，对于这两种产品而言，对废旧产品中的部分元器件进行提取与再利用，是一种可行的环境保护措施。而对于传真机与交换机而言，这两种产品在使用过程中的耗电量很大，因此这两种产品在使用环节对环境造成的影响最大。对于这两类产品，能效是最为关键的。因此，如果回收再生产的产品的能效比新生产的产品能耗低的话，宁愿将其报废而生产新的产品。

通过上述讨论以及上述两个案例，我们可以清楚地看到，在今后对某种特定的产品或者工艺对环境造成的影响进行评价时，我们需要对各方面的影响进行综合的考虑，除此之外，有时候还要结合实际的情况。

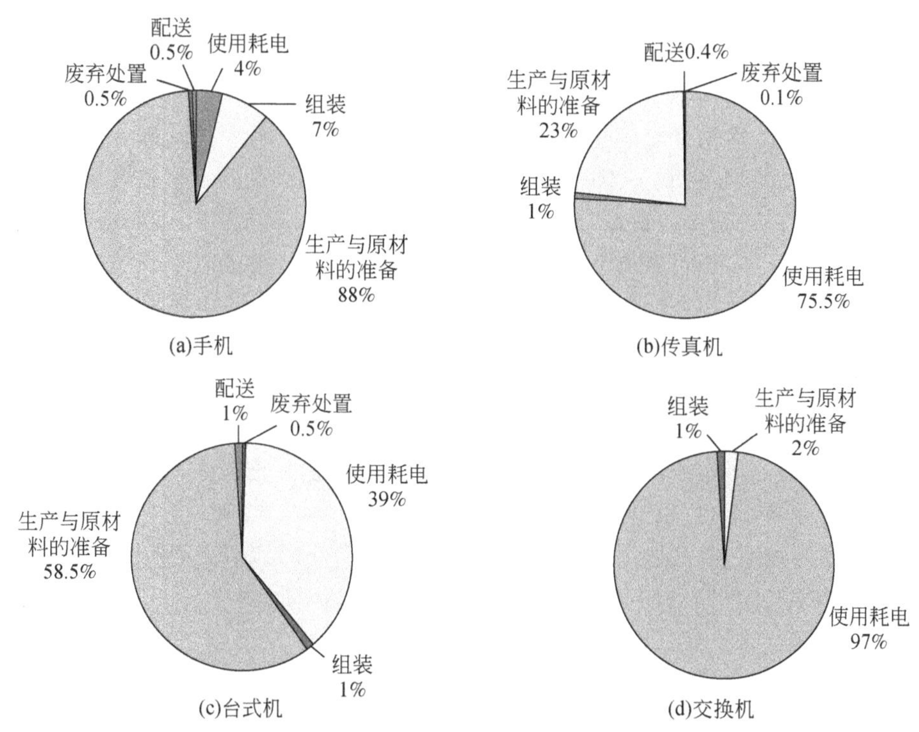

图 6-3　四款电子产品生产和使用各个环节对温室效应的影响

资料来源：www. nec. co. jp.

6.2　照明产品生命周期的能耗分析

照明光源在人们生活和工作中占据着重要的位置，是城市现代化的一个组成部分，但也消耗了大量的自然资源和电力资源，同时给生态环境带来一定的影响。世界范围内，照明产品所消耗的电量就占了总电力资源的 20%，而其中低效的照明光源就占了该消耗电量的 70%。对不同的照明产品进行生命周期分析，可以让我们对照明产品有一个全面的认识，从而提高能源的使用效率，减少照明产品对环境的影响（徐晨 等，2015）。

LED 由于在能耗、寿命、用途以及显色性等方面的优势，有望在很多场合取代目前广泛使用的一些传统照明产品。根据法维翰咨询公司（Navigant Consulting，Inc）的一份报告显示，在目前已经安装的普通照明灯具中，72% 的是不含卤素的白炽灯，其次是荧光灯，占到了 27% 的比例，卤素占到了 1%，而 LED 只占到了 0.01%。报告指出 LED 具有极大的市场潜力，在通用照明市场中的份额有望在 2030 年达到 46%。届时，每年在照明方面节约的能耗能够达到 3.4quad（$1\ \text{quad} = 1\times10^{15}$ Btu，$1\text{Btu} = 1.055\ 06\times10^{3}$J，相当于 240 000 万 t 石油）。

用 LED 灯代替现有的荧光灯和白炽灯，可以减少照明的耗电量。然而，要真正评价某种照明技术在环境以及能耗方面带来的影响，我们不仅要看它的耗电量，还要在产品的整个生命周期中追踪考察其对环境造成的影响。换句话说，我们需要考察 LED 灯在前期的生产以及后期的回收处理过程之中对环境造成的影响。我们不禁会想起以下的一些问题：白炽灯、荧光灯和 LED 在整个生命周期中的能耗如何？在 LED 生命周期的每个环节之中的能耗又分别是多少？在未来的发展中，LED 灯在生命周期各个环节中的能耗情况会有哪些变化？

在接下来的讨论中，我们将会对白炽灯、荧光灯及 LED 等的各种照明产品在能耗以及环境方面的表现进行生命周期分析。在对比之前，先要对研究对象的系统边界以及各个阶段进行描述。

如图 6-4 所示，LED 照明产品的生命周期分为了 5 个阶段，即输入阶段（原材料的生产）、生产阶段、分配阶段、使用阶段、废弃阶段。

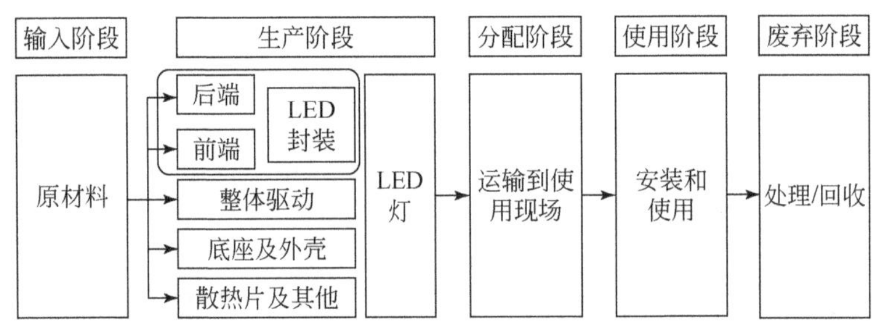

图 6-4　LED 照明灯具生命周期分析系统边界

1）输入阶段。产品都是多组件组合起来的，照明产品也不例外。第一阶段是为了分析在产品生产的初期环节，原材料的加工以及组件生产过程中，还没有达到生产最终产品的厂商之前，废弃物的排放以及对资源的消耗。

2）生产阶段。对于一些较为复杂的产品，如 LED 灯，其在生产过程中有着复杂的工艺程序，如芯片的封装以及各部件的集成等。在这些处理工程中，LED 会耗费大量的电能。相反，生产工艺较为简单的白炽灯等，在该部分的能耗会相对较低。

3）分配阶段。分配部分包含了产品从出厂到输运至零售商店的全过程。虽然运输过程的能耗计算比较复杂。这不仅跟产品生产厂商的位置有关，还与零售店的位置、运输过程中所采用的运输工具等相关。但是对于大多数产品，分配过程相对于整个生命周期而言对环境的影响是很小的，除非一些需要特殊运输环境，如冷冻等的产品。一般情况下分配过程对照明产品并不占主要能耗。

4）使用阶段。灯具在应用过程中的耗能是对环境产生最大影响的部分。但是，由于不同的照明产品的功率以及照明质量等不尽相同，因此，在这部分的评估之中，制定一个统一的比较标准非常关键。在一些其余的生命周期分析的报告以及本章节中，采用的是 2000 万 lm · h 当量作为标准。因为作为照明灯具而言，照明的质量是最为关键的。

5）废弃阶段。废弃阶段涵盖了照明产品停止使用后对环境造成的影响，本阶段包含了照明产品的所有部分，以及其包装等。

6.2.1 对比参量的选择

白炽灯、荧光灯与 LED 灯分别代表了三种不同时代的照明技术，并且有不同的物理特性和寿命，这增加了评价这三种产品在生命周期中能源消耗的难度，为此要建立在一个等价的基准上，即产生的光通量。

表 6-4 列出了白炽灯、荧光灯以及 2011 年生产的 LED 灯和预测的 2015 年生产的 LED 灯的物理性能，其中不同类型的灯他们的输出流明数以及寿命都不尽相同，因此直接用单灯来比较的话不具备等价性。因此我们需要定义一个比较参数。在以往的关于照明产品生命周期的报告中，常用的三个对灯具进行评价的参量有工作时数、亮度以及流明–小时。在这里我们选择流明–小时作为参考基准量。人眼能够感知光的度量是以流明–小时为单位计量的，并且流明–小时在之前也经常被人们用来衡量灯具的照明能力。现在市面上的一个 12. 5W 的 LED 灯能够总共能够发光 20 00 万 lm · h。而由于发光效率以及寿命长度等的问题，发出相当流明–小时数需要数个灯。

表 6-4　不同类型灯具的表现

灯具类型	瓦数（W）	流明数（lm）	寿命（h）
白炽灯	60	900	1 000
荧光灯	15	900	8 500
LED 灯（2011 年）	12. 5	800	25 000
LED 灯（2015 年）	5. 8	800	40 000

资料来源：美国能源部 *Multi Year Program Plan*

由表 6-5 可以容易得知，1 个 12. 5W 的 2011 年生产的 LED 灯整个寿命中发出的流明–小时数相当于 3 个 60W 的荧光灯或者 22 个 15W 的白炽灯整个生命周期中发出的流明–小时数。

表 6-5　达到 2000 万 lm · h 所需条件

灯具类型	瓦数（W）	流明数（lm）	寿命（h）	所需灯具（个）
白炽灯	15	900	1 000	22
荧光灯	60	900	8 500	3
LED 灯	12.5	800	25 000	1

资料来源：美国能源部 *Multi Year Program Plan*

6.2.2　生产环节能耗分析

下面的数据都来源于之前的 2012 年美国能源部关于照明产品生命周期分析的报告（美国能源部，2012a，2012b）。表 6-6 列出了生产阶段中，各类型灯具的耗能情况，其结论是建立在三个假设之上。第一个假设是每个 LED 的总能耗等于生产原材料的耗能与 LED 芯片封装的能量之和。对于多芯片封装的 LED 灯具，粗略假设整个灯具所消耗的能量为封装其中一个 LED 芯片的能耗乘以芯片总数，在实际的生产过程中可能不完全精确。第二个假设是封装单个 LED 所消耗的能量只与芯片的面积有关，而跟 LED 灯的效率没有关系。第三个假设是生产相同瓦数的 LED 各类灯，其材料所消耗的能量是恒定的。

表 6-6　生产环节的能耗　（单位：MJ/2000 万 lm · h）

生产阶段	白炽灯			紧凑型荧光灯			2011 年产 LED（16 颗 LED 封装）			2015 年产 LED（5 颗 LED 封装）		
	最小	平均	最大	最小	平均	最大	最小	平均	最大	最小	平均	最大
灯的大部分材料	10.1	42.2	106	11.3	170	521	38	87.3	154	25.4	58.5	103
封装单颗 LED	—	—	—	—	—	—	0.12	16	83.5	0.11	14.6	76.2
封装全部 LED 的贡献	—	—	—	—	—	—	1.9	256	1336	0.54	73	381
总和	10.1	42.2	106	11.3	170	521	39.9	343	1490	25.9	132	484

注：封装单颗 LED 数值不包含在总和中，但是给出了单颗 LED 的封装生产过程中的能量消耗

资料来源：美国能源部，2012a，2012b

以上数据均来自之前相关的生命周期分析报告的结果。最小（大）值代表报告中所提及到的最小（大）值。所有的数值都是经过归一化之后的。归一化的标准是选择 2000 万 lm · h 作为基本单位。由表 6-6 可知，生产能够发出 2000 万 lm · h 的白炽灯、荧光灯及 LED 灯各分别需要 42.9MJ、183MJ 与 343MJ 的能耗。由此，LED 灯在生产环节所需的能耗是荧光灯的近四倍，是白炽灯的近八倍。另外，表 6-6 还显示，对于 LED 灯，生产材料所消耗的能量只占总能量的 25%，

而封装所消耗的能量占总能量的 75%，封装耗能占了生产过程中总能耗的四分之三，因此想要减少 LED 灯生产过程的能耗，改进封装工艺是很有必要的。

6.2.3 运输环节能耗分析

传统意义上，产品在运输环节对环境造成的影响应该是包括在整个产品的周期过程中的，例如原材料的运输过程也会对环境造成影响。但是在生命周期分析之中，由于产品的整个周期被划分为了很多个子过程，这些能源消耗都被计算在子过程中。在本部分，运输环节的能耗指的是 LED 灯从工厂生产包装好之后，到运输到实体的零售店的过程中对环境造成的影响。另外，为了增加报告的简便性，这里并没有考虑灯具从生产厂房到仓库以及集散中心这部分对环境造成的影响。因为不同的灯具在这部分所耗的能量是相近的。

要考虑运输环节对环境造成的影响，我们首先需要考虑的是不同灯具的主要生产地点以及运输过程中所使用的交通工具。而且这还与所售产品同生产厂商的距离，即与消费者的地理位置有很大的关系。在本节，由于数据资料来源等原因，我们引用美国能源部生命周期分析报告中的相关数据，分析在美国，各种不同的灯具在运输过程中的能耗情况，本节注重分析方法，结果以供参考。分析的对象都是销售于美国华盛顿的一家零售店的各种类型灯具。

尽管白炽灯的生产厂商遍布于世界各地，但是在上述统计完成的过程中，仅仅参考了位于美国西北部以及中国上海的一家的产品。对于白炽灯的统计结果是对这两家的综合。对于美国东北部那家白炽灯生产厂商，产房里面包装好的白炽灯是通过卡车从工厂运输到位于华盛顿的一家零售商。而对于制造于上海的产品，是用集装箱从上海的港口输运到洛杉矶港的。到了洛杉矶后，同样通过卡车运输到华盛顿。

根据 USAD（2008）（美国能源部，2012a），中国是全球最大的荧光灯生产地。所以，在表 6-6 的统计当中，考虑荧光灯的来源全部是来自于中国上海。对于运输的方式，同样是通过集装箱从上海的港口运输到洛杉矶港，然后又通过卡车从洛杉矶运输到位于华盛顿的同样一家零售店。

目前从事 LED 生产的很多公司都分别专注于 LED 供应链的不同环节。有的公司专门从事 LED 芯片的生产，有的公司专门从事 LED 灯的封装，有的公司负责灯的组装与包装等。从事 LED 封装的公司大多数位于亚洲，尤其是中国台湾。所以在统计过程中为了简便起见，默认 LED 灯的封装过程是在中国台湾完成，然后在中国台湾或者美国完成后续的生产。如果第一阶段与第二阶段都是在中国台湾完成的话，那么生产好的产品就是通过集装箱从中国台湾运输到洛杉矶的港口，之后再由卡车运输到位于华盛顿的零售店。如果第二阶段是在美国完成的话，那么封装好的LED灯就是从中国台湾输运到美国东南部，在那里完成接下来的步骤，最后再由卡车运输到位于华盛顿的零售店。能耗统计过程中都是参考典型的集装箱运输船以及卡车。

根据上述的分析，表6-7（美国能源部，2012a）列出了不同的灯具在运输过程中的能耗参考值。从表6-7中可以看出，白炽灯运输过程的能耗为0.27MJ/2000万lm·h；荧光灯的输运能耗为1.57MJ/2000万lm·h；LED的运输能耗为2.71MJ/2000万lm·h。随着LED技术的不断进步，单个LED灯在整个生命周期中的流明-小时数不断增加，所以每2000万lm·h的LED灯的运输能耗会不断降低。

表6-7　运输过程能耗（美国）

灯具类型	能耗（MJ/kg）	能耗（MJ/2000万lm·h）		
		最小值	平均值	最大值
白炽灯	7.63	0.26	0.27	0.27
荧光灯	15.1	1.42	1.57	1.71
LED-2011	14.8	1.23	2.71	4.19
LED-2015	14.8	0.77	1.69	2.62

6.2.4　使用环节能耗分析

和前面一样，在比较各种灯具的能耗时，我们依然是采取2000万lm·h为标准，见表6-8（美国能源部，2012a）。

表6-8　使用过程中的能耗

灯具类型	瓦数（W）	流明数（lm）	芯片数	生命周期（h）	能耗（MJ/2000万lm·h）
白炽灯	60	900	—	1 000	15 100
卤素灯	43	750	—	1 000	13 000
荧光灯	15	900	—	8 500	3 780
LED-2012	12.5	800	16	25 000	3 540
LED-2015	5.8	800	5	40 000	1 630

对于相同的流明数，所需的LED灯的瓦数最低。加上LED灯在生命周期中的巨大优势，每2000万lm·h的LED的能耗是四种灯具之中最低的。并且由于

LED 技术的不断改进，在将来会不断降低。

6.2.5 整个生命周期中的能耗总结

从前面的分析可知，对于白炽灯、荧光灯与 LED 灯，使用过程中的能耗占总能耗的绝大部分，生产部分的能耗比有较大差异，在运输工程中的能耗都是占到总能耗的百分之一以下。如图 6-5 所示（美国能源部，2012a）。

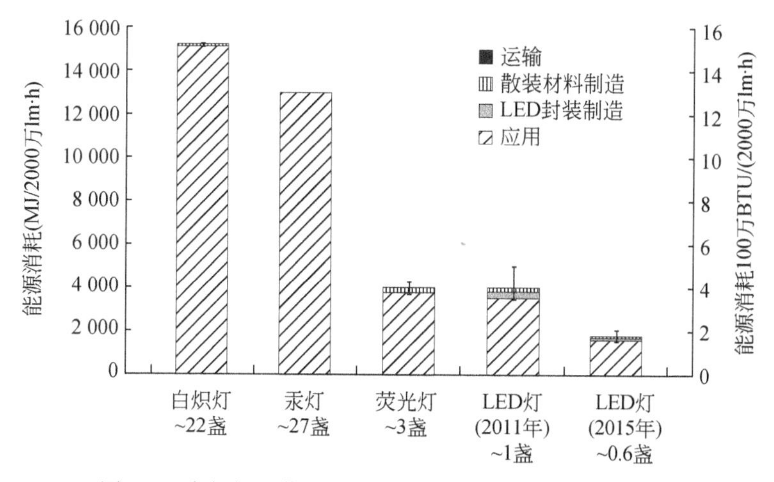

图 6-5 白炽灯、荧光灯、LED 灯整个生命周期能耗分析

对于白炽灯而言，试用阶段的能耗占了其生命周期中总能耗的 99%，剩余各个部分占到 1%。尽管对于荧光灯与 LED 灯而言，使用过程中的能耗占据总能耗的大部分，可是由于照明技术日益复杂化，生产过程中的能耗也会变得越来越显著。在统计的过程中，对于不同的荧光灯，生产能耗在总能耗中的比重范围从 0.3% ~12%，平均为 4.3%。

LED 技术正处于一个高速发展的阶段，并且生产过程中的能耗数据非常缺乏，尤其对于一些正在研发的新型产品。但是可以知道的是，LED 灯在生产过程中的大部分能耗都在 LED 灯的封装过程中（Tuenge，et al.，2013）。从已经公布出的数据中，我们可以看到，比例最小的 LED 灯其生产能耗只占总能耗的 0.1，比例最大的可以达到 27%。对于调查的所有 LED 灯，LED 灯的平均封装能耗为 6.6%，其余部分材料的生产占到 2.2%。并且值得一提的是，根据之前的一些生命周期分析报告，随着生产的 LED 灯的输出流明值不断提升，LED 灯封装能耗不断增加。

6.3 照明产品生命周期对环境的影响

为了综合评价各种照明产品对环境所造成的影响，我们可以选择一些具体的指标，并且将这些指标量化（史典阳等，2014）。在本章节中，我们选取的指标总共有十五种，涉及空气/气候，水，土壤及资源这四大类。现将这些指标列在表6-9中（美国能源部，2012b）。

表6-9　使用过程中的能耗（单位：MJ/2000万lm·h）

	英文简称	中文全称	影响指标	单位
空气/气候	GWP	全球变暖潜力	温室气体排放	kg CO_2-eq
	AP	酸化潜力	空气污染	kg SO_2-eq
	POCP	光化学臭氧形成潜势	空气污染	kg O_3 formed
	ODP	臭氧消耗潜能值	空气污染	kg CFC11-eq
	HTP	对人类的毒性潜力	毒性	kg 1，4-DCB-eq
水	FAETP	淡水生态毒性潜力	水污染	kg 1，4-DCB-eq
	MAETP	海洋生态毒性潜力	水污染	kg 1，4-DCB-eq
	EP	水体富营养化潜力	水污染	kg PO_4-eq
土壤	LU	土地使用	土地使用	m^2a
	EDP	生态系统的破坏潜力	生物多样性影响	points
	TAETP	陆地生态毒性潜力	土壤退化与污染	kg 1，4-DCB-eq
资源	ARD	非生物资源耗竭	资源耗竭	kg Sb-eq
	NHWL	非危险废物堆填区弃置	安全废弃物	kg waste
	RWL	放射性废物堆填区弃置	危险废弃物	kg waste
	HWL	危险废物堆填区弃置	危险废弃物	kg waste

列出这15个参考指标，并且将它们量化，有助于我们看到在照明产品的整个生命周期中，哪一些阶段对环境造成的影响相对较大，哪一些阶段对环境造成的影响相对较小。对于每一种照明产品，其在整个生命周期中的每个阶段对环境造成的影响都可以量化。

接下来表6-10～表6-13（美国能源部，2012b）列出了几种照明产品的各阶段的量化结果。同样，里面的数据都是经过归一化的，而归一化的标准是灯具发出总共2000万lm·h的光照（Scholand and Dillon，2012）。

对于一个60W的白炽灯而言，生产部分对环境造成的影响所占的比重是最大的，占到了所有15个指标总和的93%。接下来是原材料输入部分，平均占到了5%。原材料的输入阶段导致淡水水体产生毒性的潜质最大，占到了总和的13.8%；对非生物资源的耗竭影响最小，占到总和的0.6%。对整个生命周期的环境影响排在第三的是生产阶段。生产阶段在上述15个指标中的平均影响比重达到了1.8%，其次是废弃后的处置阶段及运输阶段，影响比重分别为0.2%与0.1%。

荧光灯对环境影响最大的部分是能耗。其中，最高是其对非生物资源耗竭的影响，占到了该项指标的92.3%；最低的是对臭氧层破坏的影响，占到了总的54%。能耗在这15项指标中的平均影响比重占到了78%。其次是原材料的使用，占到了总的15项指标中的13.6%。其中最高的是原材料的使用在对陆地生态系统造成毒性的潜力，达到了23.3%。生产过程的影响比重排到了第三，平均为8.2%。剩下的废弃物处置与输运环节的影响比重分别为0.3%和0.1%。废弃物的处置环节对15项指标中的非毒性废弃物处置造成的影响最大，不过其对这一项指标的影响也只占到各个阶段对这项指标影响的4.2%。运输过程对这15项指标的影响是最小的，即便是运输上万公里的距离，分摊到每个灯具产品上的能耗也是微不足道的。

2012年生产的LED灯对环境影响最大的部分是使用过程中的能耗，平均占到了15项指标的81%。其中，能耗影响最高的指标是非生物资源的耗竭，占到了总的94.1%，影响最低的是非毒性废弃物的处置，只占到了57.1%。LED灯的原材料的准备阶段对环境的影响程度排到第二，对15项指标的平均影响比重达到了16.8%。其中受到影响最高的指标是臭氧的消耗，占到了该项指标的35.8%；受到影响最小的指标是非生物资源的消耗，比例为4.8%。生产阶段对环境的总影响排名第三，总的影响比重为2.3%。剩下的废弃物的处置以及运输过程对环境造成的影响比重最低，不足0.1%。

随着LED灯生产技术的不断提升，我们可以预测，LED灯由于工作效率的不断提升，其能耗会不断地降低。因此LED灯的使用能耗对环境的影响也会不断下降。相反，别的阶段的影响比例会逐步地上升。

从以上四张表格中，我们看到了对于几种灯具本身，生命周期的各个部分对15个环境指标的影响的比重各是多少。此外，我们还有必要对不同灯具的表现进行比较。表6-14～表6-17（美国能源部，2012b）分别列出了几种照明产品对空气、水、土壤及能源的影响的比较值。

表 6-10　60W 白炽灯生命周期各阶段对环境造成的影响

白炽灯	空气					水			土壤			资源			
LCA 阶段	GWP	AP	POCP	ODP	HTP	FAETP	MAETP	EP	LU	EDP	TAETP	ARD	NHWL	RWL	HWL
原材料	6. 28	0. 900 49	0. 000 604	0. 000 000 59	3. 224	2. 987 3	11. 026	0. 058 47	1. 747 6	1. 138 5	0. 002 262	0. 049 9	2. 060	0. 000 392 3	0. 000 750 4
制造	7. 77	0. 069 05	0. 000 796	0. 000 000 30	4. 373	0. 040 5	0. 901	0. 027 56	0. 740 2	0. 553 4	0. 001 446	0. 044 7	2. 321	0. 000 082 2	0. 000 210 3
运输	0. 28	0. 003 87	0. 000 043	0. 000 000 04	0. 098	0. 001 7	0. 107	0. 000 53	0. 003 3	0. 002 6	0. 000 051	0. 002 0	0. 019	0. 000 004 4	0. 000 003 8
能源使用	1 017. 12	6. 933 90	0. 044 379	0. 000 010 08	197. 746	18. 560 1	99. 647	1. 859 66	20. 276 9	15. 290 3	0. 120 488	7. 540 9	30. 601	0. 042 108 2	0. 022 475 7
处理	0. 19	0. 000 59	0. 000 035	0. 000 000 03	0. 045	0. 001 1	0. 017	0. 000 31	0. 019 8	0. 012 2	0. 000 134	0. 001 4	0. 949	0. 000 002 4	0. 000 003 2
总计	1 031. 64	7. 907 90	0. 045 857	0. 000 011 14	205. 486	21. 590 7	111. 698	1. 946 53	22. 787 8	16. 997 0	0. 124 381	7. 638 9	35. 950	0. 042 589 5	0. 023 443 4

表 6-11　荧光灯生命周期各阶段对环境造成的影响

CFL	空气					水			土壤			资源			
LCA 阶段	GWP	AP	POCP	ODP	HTP	FAETP	MAETP	EP	LU	EDP	TAETP	ARD	NHWL	RWL	HWL
原材料	10. 680	0. 292 25	0. 002 879	0. 000 001 17	9. 007	0. 518 2	6. 908 8	0. 106 31	1. 029 2	0. 700 1	0. 013 140	0. 083 95	1. 382	0. 000 801	0. 001 169
制造	16. 560	0. 084 49	0. 001 215	0. 000 001 20	4. 677	0. 348 6	2. 225 6	0. 036 57	0. 721 5	0. 543 3	0. 002 536	0. 085 66	2. 995	0. 000 239	0. 000 350
运输	0. 173	0. 002 37	0. 000 026	0. 000 000 02	0. 060	0. 001 0	0. 065 4	0. 000 32	0. 002 0	0. 001 6	0. 000 031	0. 001 21	0. 012	0. 000 003	0. 000 002
能源使用	277. 380	1. 890 95	0. 012 103	0. 000 002 75	53. 928	5. 061 5	27. 175 0	0. 507 15	5. 529 7	4. 169 8	0. 032 858	2. 056 48	8. 345	0. 011 483	0. 006 129
处理	0. 086	0. 000 29	0. 000 016	0. 000 000 01	0. 020	0. 000 5	0. 007 7	0. 000 14	0. 008 5	0. 005 2	0. 000 057	0. 000 63	0. 555	0. 000 001	0. 000 001
总计	304. 879	2. 270 35	0. 016 239	0. 000 005 15	67. 692	5. 929 8	36. 382 5	0. 650 49	7. 290 9	5. 420 0	0. 048 622	2. 227 93	13. 289	0. 012 527	0. 007 651

表 6-12 LED 灯(2012 年)生命周期各阶段对环境造成的影响

LED-2012	空气					水			土壤			资源			
LCA 阶段	GWP	AP	POCP	ODP	HTP	FAETP	MAETP	EP	LU	EDP	TAETP	ARD	NHWL	RWL	HWL
原材料	12.752	0 118 812	0.002 001 5	0.000 001 357 5	13.282 1	0.376 537	6.425 5	0.090 48	0.450 11	0.336 50	0.006 997 3	0.089 18	4.344 0	0.000 867 0	0.002 833 7
制造	3.450	0 031 194	0.000 313 4	0.000 000 098 9	1.466 0	0.015 090	0.319 8	0.009 39	0.268 94	0.203 16	0.000 571 5	0.020 03	0.787 3	0.000 028 1	0.000 065 8
运输	0.052	0.000 708	0.000 007 8	0.000 000 006 4	0.018 0	0.000 310	0.019 6	0.000 10	0.000 60	0.000 48	0.000 009 3	0.000 36	0.003 5	0.000 000 8	0.000 000 7
能源使用	234.756	1.600 375	0.010 242 8	0.000 002 325 5	45.640 6	4.283 750	22.999 1	0.429 22	4.680 00	3.529 06	0.027 809 1	1.740 47	7.062 8	0.009 718 8	0.005 187 5
处理	0.015	0.000 059	0.000 002 7	0.000 000 002 5	0.003 5	0.000 091	0.001 4	0.000 02	0.001 40	0.000 85	0.000 008 9	0.000 11	0.169 2	0.000 000 2	0.000 000 3
总计	251.025	1.751 148	0.012 568 2	0.000 003 790 8	60.410 2	4.675 778	29.765 4	0.529 19	5.401 05	4.070 05	0.035 396 1	1.850 15	12.366 6	0.010 614 9	0.008 088 0

表 6-13 LED 灯(2017 年)生命周期各阶段对环境造成的影响

LED-2017	空气					水			土壤			资源			
LCA 阶段	GWP	AP	POCP	ODP	HTP	FAETP	MAETP	EP	LU	EDP	TAETP	ARD	NHWL	RWL	HWL
原材料	6.995	0.059 638	0.000 980	0.000 000 856	7.572 2	0.245 78	4.041 0	0.056 569	0.254 7	0.188 57	0.004 386	0.049 49	3.535 3	0.000 487 9	0.001 166 4
制造	1.900	0.017 255	0.000 167	0.000 000 050	0.746 1	0.007 94	0.165 8	0.004 804	0.140 4	0.106 42	0.000 306	0.011 06	0.402 3	0.000 014 4	0.000 032 7
运输	0.027	0.000 365	0.000 004	0.000 000 003	0.009 3	0.000 16	0.010 1	0.000 050	0.000 3	0.000 25	0.000 005	0.000 19	0.001 8	0.000 000 4	0.000 000 4
能源使用	113.837	0.776 046	0.004 967	0.000 001 128	22.131 8	2.077 26	11.152 6	0.208 135	2.269 4	1.711 30	0.013 485	0.843 98	3.424 9	0.004 712 8	0.002 515 5
处理	0.013	0.000 046	0.000 002	0.000 000 002	0.003 1	0.000 08	0.001 2	0.000 022	0.001 3	0.000 80	0.000 009	0.000 10	0.082 6	0.000 000 2	0.000 000 2
总计	122.772	0.853 350	0.006 120	0.000 002 039	30.462 5	2.331 22	15.370 7	0.269 580	2.666 1	2.007 34	0.018 191	0.904 28	7.446 9	0.005 215 7	0.003 715 2

表 6-14 每当量（2000 万 lm · h）的各种灯具对空气的影响

灯具类型	GWP	AP	POCP	ODP	HTP
	kg CO_2-eq	kg SO_2-eq	kg formed O_3	kg CFC-11-eq	kg 1，4-DCB-eq
白炽灯	1 031.640	7.907 90	0.045 857 0	0.000 011 1	205.486 0
荧光灯	304.879	2.270 35	0.016 239 0	0.000 005 2	67.692 0
LED-2012	251.025	1.751 15	0.012 568 2	0.000 003 8	60.410 2
LED-2017	122.772	0.853 35	0.006 120 0	0.000 000 20	30.462 5

白炽灯具有最高的 CO_2 排放潜能，2000 万 lm · h 当量的白炽灯要排放出近 1t 多的 CO_2。相同当量下的荧光灯排放的 CO_2 比白炽灯低了近 70%。LED 灯的表现更加良好。2012 年的 LED 的排放量比白炽灯的低了 76%，预计 2017 年的 LED 灯能够降低 88%。

各种灯具的 SO_2 排放潜能有相同的趋势。白炽灯同样具有最高的排放潜能，每 2000 万 lm · h 当量的情况下会向大气排放 7.9kg 的 SO_2。荧光灯的排放能力比白炽灯降了 71%。2012 年的 LED 以及预计的 2017 年的 LED 灯的 SO_2 排放量分别比白炽灯低 78% 及 89%。

光化学气体会对城市造成光化学烟雾，各种灯具当中，生产一当量白炽灯过程中排放的光化学气体也是最多的，达到了 46g。荧光灯、LED-2012 及 LED-2017 的光化学气体排放量都分别比白炽灯低 65%、73% 与 87%。

白炽灯对于臭氧层的破坏潜能也是最高的，荧光灯与 LED 的影响潜能比白炽灯分别低 53%、82%。最后，白炽灯在生产过程中对人类安全造成的潜在伤害也是最高的。三种灯比白炽灯低了分别 67%、71% 及 85%。

表 6-15 每当量（2000 万 lm · h）的各种灯具对水体造成的影响

灯具类型	FAETP	MAETP	EP
	kg 1，4-DCB-eq	kg 1，4-DCB-eq	kg PO4-eq
白炽灯	21.5907	111.6980	1.9465
荧光灯	5.9298	36.3825	0.6505
LED-2012	4.6758	29.7654	0.5292
LED-2017	2.3312	15.3707	0.2696

对于淡水水生态系统而言，白炽灯最有最高的致毒潜能，是其余几种灯具的好几倍。在表 6-15 中使用的是 1，4-DCB（二氯苯），一种致癌物质来作为参考指标。

几种灯具对海洋生态系统的致毒趋势也是一样的，每当量的白炽灯会产生

112kg 的1，4-DBC，荧光灯、LED-2012 及 LED-2017 的1，4-DCB 排放量比白炽灯分别低 67%、73%与 86%。

水体富营养化潜能是有关水体的另一项指标。在考察几种灯具对环境的影响时，我们通过考察生产每当量的灯具产生的磷来衡量几种灯具的致水体富营养化潜能。过量的磷会造成藻类的迅速增长，这会使得水体里面的溶解氧含量变低，因此会破坏生态系统。生产每当量的白炽灯会排放 2kg 磷，荧光灯、LED-2012 及 LED-2017 的排放量分别只有 0.65 kg、0.53 kg 和 0.27 kg。

表 6-16　每当量（2000 万 lm · h）的各种灯具对土壤造成的影响

灯具类型	LU	EDP	TAETP
	M^2 a	points	kg 1，4-DCB-eq
白炽灯	22.7878	6.9970	0.1244
荧光灯	7.2909	5.4200	0.0486
LED-2012	5.4011	4.0701	0.0354
LED-2017	2.6661	2.0073	0.0182

灯具对土壤的影响有两方面：一是影响到的土地的面积，二是影响的持续时间。生产每当量的白炽灯需要用到 m^2/a 的土地。生产每当量荧光灯每年占用的土地面积比白炽灯的低了 68%。LED 灯在这方面的影响更小，对于 2012 年生产的 LED 灯以及预计 2017 年生产的 LED 灯，分别比白炽灯低了 76%与 88%。

对生态系统的破坏潜能方面的趋势与上述情况类似的。白炽灯的影响潜能高达 17 点，而其余几种灯具只为 5.4、4.0 与 2.0。

同样我们用 1，4-DCB 来衡量生产每当量的各种灯具对陆地生态系统造成的影响。白炽灯在生产过程中，每当量会对陆地生态系统排放出 0.12kg 的该致癌物质。而荧光灯的 1，4-DCB 的排放量为 0.05kg，比白炽灯降低了 61%。2012 年以及 2017 年的 LED 灯的排放量更低，分别为 0.035 kg 及 0.018 kg。

表 6-17　每当量（2000 万 lm · h）的各种灯具对环境资源造成的影响

灯具类型	ARD	NHWL	RWL	HWL
	kg antimony-eq	kg waste	kg waste	kg waste
白炽灯	7.6389	35.9500	0.0426	0.0234
荧光灯	2.2279	13.2890	0.0125	0.0077
LED-2012	1.8502	12.3668	0.0106	0.0081
LED-2017	0.9048	7.4469	0.0052	0.0037

对于非生物资源的消耗经常被人们用来衡量某种产品对环境资源的消耗情况。表6-17中运用了生产每当量各种灯具所消耗的锑来表示各种灯具对非生物资源的消耗。生产每当量的白炽灯所需的锑为7.6kg，而荧光灯比白炽灯少了71%，预计的2017年LED将比白炽灯少88%。

生产每当量的白炽灯会向环境中排放出36kg的非毒性废弃物。荧光灯、LED-2012及LED-2017分别比白炽灯低63%、66%与79%。

生产每当量的白炽灯会消耗43g的放射性废弃物，这些废弃物最终也会对环境造成影响。相同当量下，荧光灯只需要12g，2012年产的LED需要11g，而预计2017年的LED灯只需要5g（OSRAM，2009）。

对于危险废弃物而言，趋势也是相似的。白炽灯对环境造成的影响依然是最大的。生产每当量的白炽灯会对环境产生23g的有害废弃物。2012年产的LED灯的危险废弃物排放数占到第二位，为8.1g。这是由于在在生产铝散热板的过程中，会产生比较多的危险废弃物。荧光灯占到7.7g。预计的2017年的LED灯只会产生3.7g的有害废弃物，比现今的白炽灯低了84%。

为了更加清晰地比较各种灯具对环境造成的影响，这些结果可以被综合放入下面的网状图中。图6-6中的每一条辐射线都代表了一种灯具对环境的影响。并且这些影响被分为了四大类——空气（橙色）、水（蓝色）、土壤（绿色）及资源（黄色）。在这幅图中，对环境造成影响最大的白炽灯被放在了网状图的最外面一圈。而其他的灯具对环境造成的影响都通过归一化绘制在图中。网状图中每

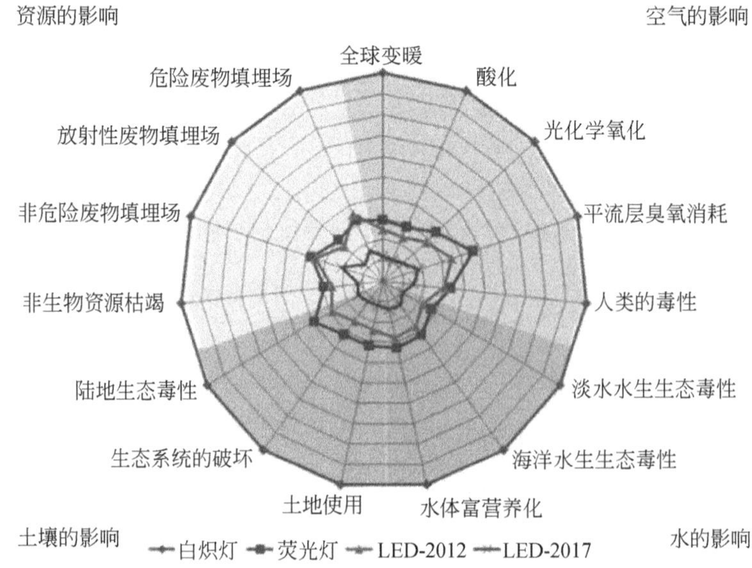

图6-6　白炽灯、荧光灯与LED灯的生命周期对环境影响的比较

个点到中心的距离代表了某种产品对某项环境指标的危害性相对于白炽灯的程度。距离越大代表危害程度越大，反之，点越靠近网状图的中心，其对环境的某项指标的危害越小。

从图 6-6（美国能源部，2012b）中我们可以明显看出，每当量的白炽灯对环境造成的总的影响是最大的，并且对于所有考察的 15 个指标而言，白炽灯的影响程度都是最大的。这个结果是很直观的，这在很大程度上是由于其发光效率低下而造成的。

荧光灯的表现远好于白炽灯，也略差于 2012 年生产的 LED 灯。荧光灯在危害性废弃物排放这个指标上面的表现要略好于 LED 灯，这是因为 LED 灯在使用过程中需要较大的铝散热板，而在铝散热板的生产过程中所产生的危害性废弃物占到了 LED 灯整个生命周期中的 20%。LED 灯的生产技术正在不断地提升，根据现有的发展速度，到了 2017 年，LED 灯的各项环境指标都会比现有的 LED 灯有很大的提升。这也跟 LED 灯的发光效率在不断上升有很大关系。

思　考　题

1. 评估在 LED 灯具的生命周期（生产、运输和使用）中的能耗是多少？
2. LED 灯、白炽灯和荧光灯在各自生命周期能分析中，各自能耗多少？
3. 未来的 LED 灯生命周期能耗将如何变化？

参 考 文 献

刘泓伶 . 2010. 生命周期评价方法在照明光源比较中的应用研究 . 济南：山东大学硕士学位论文 .

美国环保部 . 2012. Defining Life- Cycle Assessment（LCA）. http：//www. epa. gov/nrmrl/std/lca/lca. html

美国能源部 . 2011. Multi Year Program Plan. http：//apps1. eere. energy. gov/buildings/publications/pdfs/ssl/ssl_ mypp2011_ web. pdf［2012-9-6］.

美国能源部 . 2012a. Life- Cycle Assessment of Energy and Environmental Impacts of LED Lighting Products，Part I：Review of the Life-Cycle Energy Consumption of Incandescent，Compact Fluorescentand LED Lamps.

美国能源部 . 2012b. Life- Cycle Assessment of Energy and Environmental Impacts of LED Lighting Products，Part II：LED Manufacturing and Performance.

史典阳，任艳，于迪 . 2014. 照明灯生命周期环境影响分析 . 光源与照明，（3）：45-47.

王尔镇 . 1999. 绿色照明产品的生命周期评价 . 灯与照明，23（6）：34-36.

徐晨，李云，刘玉，等 . 2015. LED 照明产品的生命周期评价 . 标准科学，（1）.

Chapman P F，Roberts F. 1983. Metal Resources and Energy. London：Butter worths.

OSRAM. 2009. Life- Cycle Assessment of Illuminants—A comparison of Light Bulbs，Compact

Fluorescent Lamps and LED Lamps. OSRAM Opto Semiconductors GmbH and Siemens Corporate Technology, Germany.

Scholand M J, Dillon H E. 2012. Life-cycle assessment of energy and environmental impacts of LED lighting products part 2: LED manufacturing and performance. IEEE Transactions on Magnetics, 35 (1): 523-527.

Tuenge J, Hollomon B, Dillon H, et al. 2013. Life-Cycle Assessment of Energy and Environmental Impacts of LED Lighting Products, Part 3: LED Environmental Testing. Office of Scientific & Technical Information Technical Reports.